Wo die Maschinen wachsen

Ille C. Gebeshuber

Wo die Maschinen wachsen

Wie Lösungen aus dem Dschungel
unser Leben verändern werden

ecoWIN

*Dem Leben gewidmet. Diesem magischen Funken,
der purer Physik und Chemie Sinn und Freude verleiht.
Und für das wir alle Verantwortung tragen.*

Sämtliche Angaben in diesem Werk erfolgen trotz sorgfältiger
Bearbeitung ohne Gewähr. Eine Haftung der Autoren bzw. Herausgeber
und des Verlages ist ausgeschlossen.

© 2016 Ecowin Verlag bei Benevento Publishing,
eine Marke der Red Bull Media House GmbH, Wals bei Salzburg

Alle Rechte vorbehalten, insbesondere das des öffentlichen Vortrags,
der Übertragung durch Rundfunk und Fernsehen sowie der Übersetzung, auch einzelner
Teile. Kein Teil des Werkes darf in irgendeiner Form (durch Fotog
rafie, Mikrofilm oder andere Verfahren) ohne schriftliche Genehmigung des
Verlages reproduziert oder unter Verwendung elektronischer Systeme
verarbeitet, vervielfältigt oder verbreitet werden.
Gesetzt aus der Palatino, Bureau Eagle

Medieninhaber, Verleger und Herausgeber:
Red Bull Media House GmbH
Oberst-Lepperdinger-Straße 11-15
5071 Wals bei Salzburg, Österreich

Satz: MEDIA DESIGN: RIZNER.AT
Printed in the Czech Republic

ISBN 978-3-7110-0090-3

1 2 3 4 5 6 7 8 / 19 18 17 16

Inhaltsverzeichnis

1. **Der Ruf des Dschungels** 11
    Schrott im Hochtechnologielabor 14
    Der Dschungel als Forschungsstation 15
    Grenzgängerin 20
2. **Ausflug in die Geschichte der Forschung** 25
    Ein unabhängiger Geist auf großen Reisen 27
    Humboldts Kosmos 31
    Universalgenie mit gutem Netzwerk 32
3. **Einführung in die Bionik** 37
    Lösungsbasierte Bionik 38
    Problembasierte Bionik 39
    Linksdrehende Wiener Wasserschnecken 44
    Gefahren der »Schneller-kleiner-günstiger-Bionik« 48
    Struktur statt Material –
    Wie artenspezifische Insektizide funktionieren 53
4. **Die Lösung der großen globalen Probleme –
    Über Nachhaltigkeit und Naturschutz** 57
    Meere in Gefahr 62
    Massenaussterben, planetare Grenzen und
    globale Herausforderungen 66
    Das Millenniumprojekt 69
    Die Lösung vor unseren Nasen 72
    Bunte Menschen in einem bunten Land 74

5. Vom Hightech-Labor in den Dschungel ... 77
Im Dschungelcamp mit Ingenieuren von Boeing ... 80
Eigenheiten des Regenwaldes in Malaysia ... 82
Der Zauber der Nebelwälder ... 84
Hühner mit Federn ... 87

6. Bodenreinigung und Bergbau mit Pflanzen ... 93
Aufnahmerituale und Maoriküsse ... 94
Wie Pflanzen Schadstoffe aus dem Boden ziehen ... 98
Menschen, Maschinen und Metalle ... 100
Natürliche Goldgräber ... 103
Metall verarbeitende Pflanzen, Bakterien, Pilze, Hefen und Algen ... 108

7. Die bunte und faszinierende Welt der Strukturfarben ... 113
Was sind Strukturfarben überhaupt? ... 115
Die Physik der Strukturfarben ... 117
Die Vielfalt des Dschungels hinter dem Haus ... 121
Der Kohlweißling – Ein kleines Wunder der Natur ... 124
Farben stempeln ... 128
Wie Strukturfarben unsere Umwelt verändern können ... 132

8. Algen machen Glas, Bakterien bauen Magnete – Die Welt der Biomineralisation ... 139
Wundersame Bakterien ... 142
Was sind biomineralisierte Materialien und Strukturen? ... 147
Muscheln, Korallen und Eisen fressende Bakterien ... 148
Von Fischsilber und Glasschwämmen ... 153
Was Kandiszucker und Eisen miteinander zu tun haben .. 156

Perfekte Kristalle 157
Was wir von unserem Schmuck lernen können 163
Schwämme, die sich mit meterlangen Glasstäben
im Boden verankern 167
Harte Knochen aus Edelstein und Eiweiß 171
Ein außergewöhnliches Beispiel:
Strontiumbiomineralisation in Meeresorganismen 174
Proteine in der Biomineralisation 175
Umweltfreundliche und nachhaltige Materialien
und Strukturen durch Biomimetik 178

9. Innovision 181
   Genau schauen 184
   Sich Zeit lassen – und nicht zu früh googeln! 187
   Das Konzept des 3D-Tourismus 190
   Biomimetik und Militärforschung 193
   3D-Tourismus in Riff und Dschungel 196
   Die allererste 3D-Expedition 201

10. Der Baum des Wissens 209
    Die Idee vom Wissen für alle 212
    Biotribologie – Die Verknüpfung von Biologie,
    Medizin und Tribologie 215
    Warum brauchen wir einen Baum des Wissens und
    eine neue Art des Veröffentlichens? 217
    Der Status quo als Stolperstein 222
    Wie sieht der Baum des Wissens aus? 226
    Zeit für Veränderung 228

11. Nachwort und Dank 233
    Weiterführende Links 235

I Der Ruf des Dschungels

Im Jahr 2008 rief mich der Regenwald zu sich. Angefangen hat alles ganz langsam und unvermutet: Im März wurde ich vom österreichischen Bundesministerium für Verkehr, Innovation und Technologie als erfolgreiche Frau in Forschung und Technologie ausgezeichnet. Die Zeitschrift *Woman* ehrte mich als eine der zehn wichtigsten Frauen im Bereich »Wissenschaft und Forschung« in Österreich. Ich hatte viele gute Studenten und Studentinnen und war gerade dabei, meine Habilitationsschrift in Experimentalphysik am Institut für Allgemeine Physik der Technischen Universität Wien einzureichen. Im Juni gründeten wir das Exzellenzzentrum für Biomimetik der Technischen Universität Wien, genannt TU Bionik, in dem alle Fakultäten, die in dieser Richtung arbeiten, vertreten sind. In diesem Monat geschah dann auch etwas, das unser gesamtes weiteres Leben verändern würde – meines, das meines Mannes und das unserer zwei Graupapageien: Malaysia wurde Teil unseres Lebens. Ein fernes, tropisches Land, mit modernen Städten, alten Regenwäldern und mit zwei Bundesländern auf der magischen Insel Borneo.

Das erste Mal in Asien war ich 2006, in Singapur. Damals war Malaysia für mich eine fremde Welt im Norden des Stadtstaates. Nun sollte es meine Heimat werden! Mein Mann Mark, der vier Studien abgeschlossen hat – Bergbau, Verfahrenstechnik, Wirtschaft und Jus –, erhielt ein wunderbares Angebot, in Kuala Lumpur für eine österreichische Firma zu arbeiten, und nach einigen Diskussionen beschlossen wir, für ein paar Jahre in die Tropen zu gehen. Ich sah mir die malaysischen Universitäten im Internet an, und eine fremde Welt offenbarte sich mir. Fremd aussehende Männer mit langen Bärten, ein komplexes Universitätssystem aus Forschungs-, Lehr- und Privatuniversitäten, und das meiste war in einer mir fremden Sprache – Bahasa Melayu – verfasst. Da ich nicht zig Bewerbungsschreiben verfassen wollte, beschloss ich, mich auf mein Glück zu verlassen, und besuchte die malaysische Botschaft im 21. Wiener Bezirk. Eine nette Dame, malaysische Physikerin bei der Internationalen Atomenergiebehörde, der IAEA, empfing mich, und ich teilte ihr mit, dass ich für einige Jahre bei einer Universität in ihrem Land arbeiten möchte. Sie nahm einige Eckdaten auf, ich gab ihr meinen Lebenslauf und dann fuhr ich wieder zur TU.

Eine Woche später kam ein Anruf: Professor Datin Dr. Siti Rahayah Ariffin, Dekanin der Erziehungswissenschaften an der Nationalen Universität Malaysia, sei gerade in Wien und würde mich gern treffen. Ich fuhr zur Botschaft und wir setzten uns zusammen. Wir plauderten stundenlang, dann wollte sie mein Labor sehen. Ein Fahrer der Botschaft brachte uns mit einem schönen, eindrucksvollen Botschaftsauto vor die Tore der TU. Ich zeigte ihr mein Labor, meine Arbeiten, wissenschaftlich und populärwissenschaftlich, und am Abend gingen mein Mann, Professor Siti und ich essen. Wieder eine Woche später erhielt ich einen weiteren Anruf – und hatte eine volle Professur in einem unbekannten, fernen Land!

Wir heirateten im Juli, mein Mann fuhr im August in die Tropen, ich habilitierte mich Ende November und Anfang Dezember machte ich mich mit unseren beiden afrikanischen Graupapageien Hasi und Jocki auf die lange Reise. In Malaysia angekommen, war ich überwältigt von der Freundlichkeit der Menschen, der Hitze und hohen Luftfeuchtigkeit, dem guten Essen und der Großstadt, in der wir nun lebten. Der Großraum Kuala Lumpur hat über sieben Millionen Einwohner, die aus verschiedensten Volksgruppen stammen. Es gibt Malayen, Chinesen, Inder und vereinzelt Europäer. Ich begann schnell, diese fremde Welt zu lieben. Auch die Vögel fanden die Bedingungen ganz hervorragend und genossen ihre Außenvoliere im 16. Stock.

Schrott im Hochtechnologielabor

Im Jänner fing ich dann an, am Institut für Mikroingenieurswissenschaften und Nanoelektronik an der Nationalen Universität Malaysia zu arbeiten. Ich hatte nette Kollegen und die Labors waren beeindruckend. Allerdings leider nur optisch – viele der Geräte funktionierten nicht. Ich war verzweifelt und wusste nicht so recht, was ich als Experimentalphysikerin in diesem Land tun sollte, in dem zwar alle sehr nett waren, aber einfach nicht die Rahmenbedingungen herrschten, die ich gewohnt war – an meinem wissenschaftlichen Heimatinstitut in Wien haben wir ein top ausgestattetes Nanotechnologielabor mit wunderbaren Mikroskopen und anderen Geräten, um die Welt der Physik zu erforschen. Eines dieser Mikroskope, ein Ultrahochvakuum-Rasterkraftmikroskop gekoppelt mit einem Rastertunnelmikroskop, mit dem man sich kleinste Oberflächen unter hochreinen Bedingungen ansehen kann, hatte mich 1999 von meinem Postdoc-Aufenthalt in Kalifornien nach Wien gelockt. Von da an war ich voll in meinem Element gewesen und hatte mit Studenten aus verschiedensten Ländern, die durch internationale Forschungsprojekte gefördert wurden, spannende Dinge wie Ionen-Oberflächeninteraktionen, Nanotribologie und hochauflösende Mikroskopie von lebenden Zellen erforscht. Irritiert ob der nicht vorhandenen Möglichkeit, experimentell zu arbeiten, schrieb ich in Malaysia vorerst einmal etliche Artikel für wissenschaftliche Journale und Buchkapitel. Auch privat wurde das Land langsam etwas eintönig.

»Gibt es hier nichts anderes als Shopping und Essen? Das ist ja eine Zeit lang recht lustig, aber ...« – die ältere Professorin sah mich freundlich an. Wir waren bei einem offiziellen Abendessen der Universität, und ich saß am Tisch mit den Dinosauriern, wie sie sich selbst nannten. Professoren, die schon seit dem Beginn ihrer Laufbahn an meiner neuen Universität arbeiteten.

Sie sagte: »Ja, gibt es! Die malaysischen Naturfreunde. Sie veranstalten Regenwaldexpeditionen. Werden Sie doch Mitglied und schauen Sie sich das an.«

Gesagt – getan. Schon bei meiner ersten Expedition, im Juni 2009 nach Borneo, wurde mir klar, was ich in diesem Land machen würde: keine Laborexperimente für die nächsten Jahre. Kein Ansammeln von Unmengen von Daten. Sondern vom Regenwald lernen. Mein Labor war nun der Dschungel.

Der Dschungel als Forschungsstation

Ansatzweise hatte ich diese andere Art des Zugangs zur Forschung schon im Jahr 2008 in Costa Rica kennen- und lieben gelernt. Damals waren wir jedoch nur einige

Tage im Regenwald gewesen. Nun hatte ich mehrere Jahre. Geplant waren zwei, schlussendlich wurden es sieben. Eine wunderbare Zeit in meinem Leben, die ich um nichts missen möchte.

In Malaysia hatte ich nun malaysische, indische, indonesische, vietnamesische, britische, deutsche und österreichische Studenten aus diversen Fachgebieten wie der Architektur, der Kunst, der Biologie, der Nanoelektronik, der Medizintechnik, dem Tissue Engineering, der Physik, den Materialwissenschaften, der Veterinärmedizin und der Mechanik. Wir waren in den verschiedensten Regenwäldern der malaysischen Halbinsel und Borneos, in Kuba, in Indien, in Neuseeland, in Thailand, in Indonesien und Sri Lanka. Wir lernten von Farnen, Bäumen, Pilzen, Früchten, Blumen, Schmetterlingen, Motten, Käfern, Spinnen – und voneinander. Anfangs konzentrierten wir uns hauptsächlich auf materialwissenschaftliche Aspekte.

Dies sollte sich ändern, als ich eine Einladung als Keynote-Sprecherin für eine Konferenz in Saudi-Arabien erhielt, deren Thema »Nachhaltigkeit durch Biomimetik« war. Ich begann, mich mit Nachhaltigkeit intensiv auseinanderzusetzen. Ich sah mir David Attenboroughs DVD-Serie *State of the Planet* (*Der Zustand des Planeten*) an, die von der BBC herausgegeben worden war. Dann las ich für meine wissenschaftliche Arbeit für die Konferenz, die ich unter dem Titel *Nachhaltigkeit in Wissen-*

schaft, Architektur und Design: Lektionen von Attenborough, Loos and Biornametics verfasste, die wissenschaftlichen Originalquellen. Und war zwei Wochen lang völlig aufgelöst: Mir war bewusst geworden, wie traurig es um unsere Welt steht, und dass massiver Handlungsbedarf herrscht. Wir stehen an der Schwelle zu einem menschengemachten Massenaussterben der Arten. Wir haben unsere Erde an einen Wendepunkt gebracht – von einem Tag zum anderen könnten sich die Umgebungsbedingungen rapide ändern. Wir haben etliche Grenzen unseres Planeten endgültig überschritten und verunmöglichen dadurch gutes Leben für uns, nachfolgende Generationen und die Biosphäre generell. Wir verpesten Luft, Erde, Ozeane, Flüsse und uns selbst. Unsere Art und Weise, mit natürlichen Ressourcen umzugehen, die Gewinnung der Grundmaterialien für unsere Produkte, die Herstellungsweisen, die Entsorgung – überall da müssen wir besser werden. Es reicht nicht, traurig zu sein. Wir müssen handeln.

Die Welt ist so groß und vielfältig und bunt, dass es einem Menschen allein nicht möglich ist, alles zu verstehen und alles zu wissen. Wenn wir versuchen wollen, die großen Herausforderungen unserer Zeit erfolgreich anzugehen, müssen wir gemeinsam agieren. Es gibt kein Allheilrezept und oft die Gefahr, fatale Fehler zu machen. Naturwissenschaftler allein können nicht für alles die Lösungen erarbeiten, ebenso wenig wie Politiker oder Sozialwissenschaftler. Aber wir können versuchen, gemeinsam zu arbeiten, interdisziplinär und fächerübergreifend. Sehr wichtig ist es dabei, Input von anderen zu akzeptieren, nicht nur von Menschen, sondern auch von der uns umgebenden Natur. Dies ist einer der Gründe, warum ich so gern mit interdisziplinären Teams auf Regenwaldexpeditionen gehe.

Unser Planet zeigt uns in vielen Bereichen selbst, wie wir ihn schützen können. In den wenigen weltweit verbliebenen jungfräulichen Regenwäldern ist die Sache noch einigermaßen in Ordnung. Tiere, Pflanzen, Mikroorganismen und Menschen leben im Einklang, verstorbene Organismen dienen als Futter oder Dünger für Lebewesen. Dort lebende Urvölker, die uns über Kontaktleute mitteilten, dass sie keine Begegnungen mit der modernen Zivilisation wünschen, nennen uns »Dämonen«.

In den sieben Jahren in Malaysia genoss ich die Freiheit, auf ausgedehnte Expeditionen zu gehen, mit verschiedensten Experten und Expertinnen zu reden, mit Wissenschaftlerinnen, Studenten und der indigenen Bevölkerung zu interagieren, mich völlig losgelöst von Fachgrenzen mit dem Zustand der Welt zu beschäftigen und mögliche Herangehensweisen zu entwickeln, wie wir die globalen Probleme der Menschheit angehen könnten. Wissenschaft und Technologie können derart große, miteinander verknüpfte und einander bedingende Problemkreise natürlich nicht allein lösen. Wir müssen alle zusammenarbeiten und unseren Egoismus und unsere Gier abstreifen. In diesem Sinn ist das Konzept der siebten Generation erwähnenswert, das von einigen indigenen Völkern vertreten wird: Bei allen Handlungsweisen ist die Auswirkung auf die siebte nachfolgende Generation zu beachten, und nichts von dem, was wir tun, soll deren Möglichkeit, gut zu leben, negativ beeinflussen.

Es gibt viele wunderbare Spezialisierungen in der heutigen Wissenschaft. Unmengen an Publikationen werden verfasst, meistens in einer Sprache, die nur für Kollegen und Kolleginnen aus demselben Fachgebiet verständlich ist. Doch die großen Probleme der Menschheit sind nicht nur in einzelnen Fachgebieten angesiedelt. Um sie erfolgreich zu adressieren, brauchen wir Zugang zum Wissen der Menschheit, in einer verständlichen Form, die transdisziplinären Wissensaustausch der unterschiedlichen Disziplinen möglich macht. Spezialisten brauchen eine Sprache, die auch die anderen verstehen, um gemeinsam Dinge erforschen und entwickeln zu können.

Grenzgängerin

Ich halte es für gefährlich, wenn man sich auf all seine Fragen Antworten aus dem Internet holt, ohne davor gründlich drüber nachgedacht zu haben. Man verlernt, folgerichtig zu denken, zu verknüpfen und Trends und Entwicklungen zu erkennen. Ich möchte Ihnen hierzu ein Beispiel geben: Sehr oft werde ich bei Interviews gefragt, was meine wichtigste wissenschaftliche Erkenntnis sei. Meine Antwort ist für viele überraschend: Ich entdeckte, im zarten Alter von fünf Jahren, wofür Samen gut sind. Ich war im Garten meines Elternhauses und beobachtete die Blumen, wie sie auf- und verblühten, wie Samenkapseln entstanden, die Samen rausfielen und wie kleine Pflänzchen an diesen Stellen wuchsen. Diese wissenschaftlichen »Experimente« dauerten viele Monate und am Ende hatte ich die Lösung. Ich glaube, dass mein gesamter Lebensweg anders verlaufen wäre, hätte ich damals, als ich das erste Mal eine Samenkapsel sah, googeln können, wofür sie gut ist. Und deswegen, trotz all der schönen Erkenntnisse, die ich seither gewonnen habe, halte ich mein eigenständiges Verknüpfen von Knospe, Blüte, Samenkapsel, Samenkorn und neuer Pflanze für meine wichtigste.

Ich sehe mich selbst als Grenzgängerin in den Naturwissenschaften, ein ganzheitlicher und interdisziplinärer Zugang zur Forschung ist für mich extrem wichtig. Durch die Ausbildung meiner Studenten, durch Vorträge für die Fachwelt und für die breite Öffentlichkeit, durch Radio- und TV-Sendungen, durch meine wissenschaftlichen und populärwissenschaftlichen Publikationen streue ich Samen, die die Möglichkeit haben, zu starken und gesunden Pflanzen heranzuwachsen, die hoffentlich dazu beitragen, die Welt zu einem besseren Ort zu machen.

Die belebte Natur ist nicht nur funktional, sondern auch wunderschön. Immer wieder wird bei Expeditionen innegehalten und gestaunt, ob der überwältigenden Einzelheiten, ob der Kooperation über Artengrenzen hinweg, die wir feststellen, und ob der Ruhe und Gelassenheit, in der einfachste Völker leben. Und genau diese Freude und das Staunen über die Schönheit der Natur gibt uns die Motivation für unsere Forschungen. Die Kommunikation (*Crosstalk*, also ein gegenseitiges Geben und Nehmen, nicht eine Übertragung, die nur in eine Richtung erfolgt) zwischen Natur, Mensch und Technik ermöglicht neue Zugänge und Blickweisen, sie bringt uns dazu, die Natur nicht als Feind zu sehen, sondern als Partner und Freund.

Stechmücken sind dafür ein gutes Beispiel. Normalerweise denkt man bei einer Stechmücke an juckende, rote Pusteln, an nervenaufreibende Geräusche in der Nacht und aktuell an das Zika-Virus. Wenn meine Studenten und ich an Stechmücke denken, haben wir neben diesen Assoziationen noch einige weitere, wie Pumpen, Sensoren, reproduzierende Nanosysteme und Mikroflieger. Eine Stechmücke ist ein sehr kleines Tier, das so viel kann. Sie kann fliegen, sie hat schillernde Flügel, sie kann Menschen finden, sie kann der nach ihr schlagenden Hand ausweichen, sie kann Blut saugen, sie kann sehen, hören, sie kann sich vermehren. Und das alles, indem sie aus der lokalen Umgebung ein paar Tropfen Blut oder Nektar und ein wenig Wasser aufnimmt. Wenn die Stechmücke tot ist, wird sie zu Futter oder Dünger für andere Lebewesen. Eigentlich ein Wunder. Wenn wir einen Roboter bauen, der dasselbe kann wie eine Stechmücke, wäre das Konstrukt groß, schwer und teuer, es würde unzählige Metalle beinhalten, die aus verschiedensten Teilen der Welt stammen, transportiert und in Form gepresst werden müssen. Und unsere Robotermücke könnte auch niemandem als Futter oder Dünger dienen – man müsste sie am Ende ihrer Zeit umständlich entsorgen.

Interessiert hat mich die Biologie schon immer. Studieren wollte ich sie nicht – zu schlechte Berufsaussichten, zu wenige Biologen, die schlussendlich etwas arbeiten, das sie freut und fasziniert. Aber als ich hörte, dass es im Rahmen der Biomimetik die Möglichkeit gibt, sich als Physikerin, als Technikerin, intensiv mit der Biologie auseinanderzusetzen, begann ich sofort, in diesem Gebiet loszustarten.

Ich habe in diesem Buch Erfahrungen aus sieben Jahren Leben und Arbeit in Malaysia niedergeschrieben. Verfasst wurde es in den letzten Wochen in den Tropen, Ende 2015, und in den ersten Wochen wieder zurück in Europa, Anfang 2016. Ich möchte den Lesern und Leserinnen das Inspirationspotenzial der belebten Natur im Allgemeinen und der Biomimetik im Speziellen für wegweisende neue technische Herangehensweisen näherbringen. Diese Art, Forschung zu betreiben, ist für jede Wissenschaft potenziell von Bedeutung, und jeder Wissenschaftszweig kann von ihr profitieren.

2 Ausflug in die Geschichte der Forschung

So zwei- bis dreimal pro Jahr besuchte ich während meiner Zeit in Malaysia mein Heimatinstitut, das Institut für Angewandte Physik an der Technischen Universität Wien. Und über viele Jahre wurde ich von unserem Herrn Amtsrat Friedrich Beringer, der mittlerweile seinen wohlverdienten Ruhestand angetreten hat, mit denselben Worten freundlich begrüßt: »Schön, unsere Humboldtine ist wieder hier!«

Der Berliner Naturforscher Alexander von Humboldt wurde von Charles Darwin als der größte Wissenschaftsreisende, der jemals gelebt hat, bezeichnet. Humboldt wurde 1769 in Berlin geboren, wo er dann auch im Alter von 90 Jahren verstarb. Alexander erhielt, genauso wie sein Bruder Wilhelm, eine solide akademische Ausbildung, unter anderem in Göttingen, dem damaligen Zentrum aufklärerischer Wissenschaft in Deutschland, und war für den Staatsdienst vorgesehen. Schon in den 90er-Jahren des 18. Jahrhunderts wurde Alexanders Begeisterung für Forschungsreisen geweckt: Einer seiner Lehrer in Göttingen war Johann Friedrich Blumenbach, der als Mitbegründer der Zoologie und der Anthropologie als wissenschaftliche Disziplinen gilt. Blumenbach hielt große Stücke auf die Forschungsreise und erkannte ihre Bedeutung in seinen Forschungsgebieten. Er war ein inspirierender Lehrer für Studenten aus verschiedensten Fachgebieten in Göttingen und entfachte die Sehnsucht nach fernen Landen in vielen von ihnen. Humboldt sollte einer seiner ambitioniertesten Schüler werden, der auf langen, ausführlichen und höchst erfolgreichen Forschungsreisen das Wissen seiner Zeit vermehren, ordnen und bewerten lernte.

Humboldt war sehr begabt und beliebt. Nach seinem Studium arbeitete er einige Jahre erfolgreich im Bergbau. Dort führte er umfassende Innovationen ein und gründete sogar die weltweit erste Bergbauschule. Allein, es war unmöglich, ihn im Staatsdienst zu halten: Nach dem Tod seiner Mutter erbte er ein großes Vermögen und konnte endlich seinen Traum verfolgen, sich als freier, durch kein Amt gebundener Forscher in fremde, spannende Gebiete zu begeben.

Er schrieb an den französischen Astronomen Delambre: »Jeder Mann hat die Pflicht, in seinem Leben den Platz zu suchen, von dem aus er seiner Generation am besten dienen kann.« Für Humboldt bedeutete das ein Leben als Naturforscher und Wissenschaftler, vielseitig interessiert und tätig, mit wissenschaftlichen Freunden aus allen möglichen Fachgebieten, einem weltweiten Netzwerk für ständigen, direkten und persönlichen Austausch über die Grenzen der Disziplinen hinweg, und mit besten Kontakten zu Politik und Diplomatie.

Ein unabhängiger Geist auf großen Reisen

Humboldts größte Forschungsreise führte ihn von 1799 bis 1804 nach Amerika. Er bestieg hohe Berge, bereiste lange Flüsse, sammelte Tausende von Belegexemplaren und lernte, sein Denken in einem umfassenden Sinn auf die ganze Welt zu richten. Sein Disziplinen übergreifendes Querdenken war immer mit auf das Ganze gerichtetem Zusammendenken kombiniert und verlor sich nicht im Messen und in der Datenerhebung zu statistischen Zwecken. Er legte großen Wert darauf, Zusammenhänge zu verstehen und sich nicht zu sehr im Detail zu verlieren. Zudem finanzierte er seine Forschung aus eigener Tasche – und gab dafür rund ein Drittel des Vermögens aus, das er von seiner Mutter geerbt hatte (die verbleibenden zwei Drittel sollten nach seiner Rückkehr in die Publikation seiner Erkenntnisse fließen – und ihn danach wieder in nicht so sehr geliebte Arbeitsverhältnisse zwingen). Die Geldmittel gaben ihm die Freiheit, tun und lassen zu können, was er wollte.

Alexander machte alles sehr konsequent: Auf seine Amerikareise bereitete er sich jahrelang vor und las sich in verschiedenste, ihm neue Fachgebiete ein. Während er daheim in Deutschland immer etwas kränklich gewesen war, war er auf Reisen gesund und munter. Wo andere, auch Einheimische, an Fieber litten, war er gesund. In den Tropen war er glücklich, sie waren sein Element.

Von Vorteil auf Alexander von Humboldts Reisen war sein großes Wissen in zwei verschiedenen Gebieten: im Bergbau und in der Wissenschaft – dadurch konnte er immer die Befriedigung seiner wissenschaftlichen Neugier mit praktischen und für Geldgeber interessanten bergbaulichen Aspekten kombinieren. Ab 1804, als Humboldt von seiner großen Reise zurückkam und sich in Paris ansiedelte, arbeitete er 20 Jahre lang an seinem Reisebericht. Die unzähligen Belegexemplare, die er von seiner großen Amerikareise mitgebracht hatte, konnte er natürlich nicht allein aufarbeiten. Er beschäftigte Spezialisten, Zeichner und wissenschaftliche Hilfskräfte, und es kam schon hin und wieder vor, dass er ein ganzes Buch neu schreiben ließ, weil es ihm nicht passte. Humboldt achtete streng darauf, dass in seinem vielbändigen Reisebericht Erlebnisse, Eindrücke und Messdaten nicht nur wiedergegeben wurden, sondern eingebettet waren in größere Zusammenhänge, zum Beispiel wirtschaftlicher und geografischer Natur. Dies konnte er nur mit der Hilfe von Experten in seinem breiten wissenschaftlichen Netzwerk vollbringen. Er war stets bemüht, komplexe Zusammenhänge möglichst einfach und in ihren Grundzügen überschaubar und nachvollziehbar darzustellen. Er verlor sich niemals in Einzelbeobachtungen, sondern suchte immer nach Gesetz und Regel – das macht seine Arbeiten auch heute noch lesbar und anregend. Sein Reisewerk erschien schließlich in französischer Sprache in 30 Bänden.

Einer der Spezialisten, der Humboldt bei der Beschreibung und Untersuchung von südamerikanischen Pflanzen half, war der deutsche Botaniker Carl Ludwig Willdenow (1765–1812). Willdenow besaß eine Sammlung tropischer Pflanzen, die Alexander faszinierte und sein lebenslanges Interesse für die Pflanzenkunde weckte. Auch zu diesem großen deutschen Wissenschaftler habe ich eine kleine Querverbindung: Die Begeisterung für und das Interesse an Strukturfarben in Pflanzen wurden in mir durch den blau irisierenden Willdenow'schen Moosfarn (*Selaginella willdenowii*) geweckt, den ich zum ersten Mal mit meinem Kollegen Dato' Henry Barlow in Malaysia gesehen habe (mehr dazu auf Seite 114).

1827 hatte Humboldt das Geld der Mutter aufgebraucht und musste nach Berlin zurück – als Kammerherr des Königs. Dort war er höchst erfolgreich. Er hielt seine berühmten Vorlesungen, an denen bald auch die allgemeine Öffentlichkeit und sogar die Damenwelt erfreut teilnahm (Frauen waren zu dieser Zeit bei populärwissenschaftlichen Vorträgen eher selten gesehen). Humboldt war der geborene Wissenschaftsvermittler. Er erkannte Trends und Zusammenhänge, außerdem konnte er Spezialgebiete so bildhaft erklären, dass auch Laien sie verstanden und spannend fanden. Dadurch begann auch die breite Öffentlichkeit, sich für Naturwissenschaft und Geografie zu interessieren.

Seine nächste Reise führte ihn 1829 nach Russland. So frei wie bei der Amerikareise war er dieses Mal aber nicht: Die russische Regierung finanzierte seine Vorhaben,und erwartete sich von ihm im Gegenzug bergbauliche Erkenntnisse. Alexander von Humboldt schaffte es aber auch auf dieser Reise, seinen Kopf durchzusetzen, und erforschte weit größere und weiter entfernte Gebiete als ursprünglich vorgesehen und bewilligt. Nichtsdestotrotz fühlte er sich vom autoritären Zarenregime überwacht, wie unter anderem seine Bemerkung in einem Brief an seinen Bruder Wilhelm zeigt: »Kein Schritt, ohne dass man ganz wie ein Kranker unter der Achsel geführt wird.«

Humboldts Kosmos

Von 1830 bis zu seinem Tod im Jahre 1859 war Alexander von Humboldt ein Gratwanderer zwischen Hofdienst und Wissenschaftsbetrieb. Er war Deutschlands Vorzeigewissenschaftler, wurde geschätzt, geachtet und hatte sogar politischen Erfolg: Er erreichte das Ende der Sklaverei in Preußen. Schon in seinen Büchern hatte er sich gegen Sklaverei ausgesprochen – gerade diese Teile wurden jedoch in einigen Übersetzungen ausgelassen. Nicht nur als Wissenschaftler und Publizist war er höchst erfolgreich – mit steigendem Alter und immer größerer Erfahrung engagierte er sich auch zunehmend im Bereich der Förderung von Jungwissenschaftlern und in der Koordination mäzenatischer Aktivitäten für Forscher. Der Universalist Humboldt leistete fundamentale wissenschaftliche Beiträge in so unterschiedlichen Gebieten wie der Altertumswissenschaft, der Anatomie, der Astronomie, dem Bergbau, der Botanik, dem Erdmagnetismus, der Ethnologie, der Geologie, der Geschichtswissenschaft, der Kartografie, der Landwirtschaft, der Mathematik, der Meereskunde, der Meteorologie, der Philologie, der Vulkanologie, der Wirtschaft und der Zoologie. Sein Ziel war, das Zusammenwirken aller Naturkräfte zu verstehen.

Humboldt gilt als eines der letzten Universalgenies. Er wurde von verschiedenen Autoren als Geograf,

Geophysiker, Geologe, Petrograf, Bergmann, Botaniker oder Biologe, Nationalökonom, Forschungsreisender, Kulturhistoriker oder Kulturpolitiker bezeichnet. Da er sehr interdisziplinär arbeitete, entstand in ihm bald die Idee vom *Baum des Wissens*, einer Darstellung des gesamten physisch-geografischen Wissens seiner Zeit, maßgeblich bereichert durch die Ergebnisse seiner eigenen Forschungsreisen. 1834 schrieb er in einem Brief an Varnhagen von Ense: »Ich habe den tollen Einfall, die ganze materielle Welt, alles, was wir heute von den Erscheinungen der Himmelsräume und des Erdenlebens, von den Nebelsternen bis zur Geografie der Moose auf den Granitfelsen wissen, alles in einem Werke darzustellen, und in einem Werke, das zugleich in lebendiger Sprache anregt und das Gemüt ergötzt.« Zwischen 1845 und 1862 erschien (wenn auch rudimentär und bei Weitem nicht vollständig) seine Gesamtschau der wissenschaftlichen Welterforschung in fünf Bänden unter dem Titel *Kosmos*.

Universalgenie mit gutem Netzwerk

Für Charles Darwin war Alexander von Humboldt in seiner einzigartigen Universalität ein Genie und Vorbild. Allerdings hatte Alexander nicht nur Freunde in der Wissenschaft. Viele Spezialisten sahen in ihm eine Belastung, nicht selten wurde er verleumdet oder hinterrücks angefeindet. Häufig lag das daran, dass sie ihn einfach nicht verstanden, da sie oft nur aus dem Gesamtzusammenhang herausgerissenes Spezialistenwissen in seinen Arbeiten beurteilen konnten, das allein stehend schwer einzuschätzen war. Dies ist übrigens ein generelles Problem – auch heutzutage – von inter- und transdisziplinär forschenden Geistern, die fachübergreifend denken und arbeiten, besonders bei Gutachtern ihrer Arbeiten oder Projektanträge.

Alexander von Humboldt hatte einen offenen, aktiven Geist mit weit gesteckten Horizonten. Derartiges war im abendländischen Denken selten anzutreffen. Er hatte seine ganz eigene Meinung über Bildung: Ihm ging es um die Fähigkeit zum Zusammendenken und nicht um die Ansammlung von geschlossenen kleinen Bildungseinheiten, die übereinandergebaut den gebildeten Menschen ergeben. Dieses Zusammendenken im humboldtschen Sinn ist wichtig und gut, nicht nur in der Wissenschaft, sondern auch im Miteinander: Es bildet die Basis eines Zusammenlebens, in dem unterschiedliche Zugänge nicht nur toleriert werden, sondern angestrebt, und in denen gerade durch die Unterschiede Spannendes und Neues entstehen kann. Das berühmte humboldtsche Bildungsideal, in dem es um ganzheitliche Ausbildung geht, geht allerdings nicht auf Alexander zurück, sondern auf dessen Bruder Wilhelm.

Wechselwirkungen sind zentral – und für Humboldt war in der Natur alles Wechselwirkung. Sein diesbezüglicher Zugang zeigt sich sehr schön in seinen Publikationen, zu denen ja viele verschiedene Fachkollegen ihr Zutun leisteten. Sehr oft kommt es vor, dass ein Forscher ganz verliebt ist in seine Theorien und es als persönliche Beleidigung ansieht, wenn seine Sichtweise korrigiert werden muss. Humboldts Arbeiten waren jedoch das Ergebnis derart komplexer Forschungsprozesse, an denen so viele Spezialisten beteiligt waren, dass viele Sichtweisen gar keine Gelegenheit hatten, sich festzuzementieren, da sie jederzeit Prüfungen und Korrekturen anheimfallen konnten. So entstand ein wunderbares, interdisziplinäres Forschungs- und Diskussionsklima, in dem neue Untersuchungsergebnisse und Einsichten schnell implementiert werden konnten und in dem der Prozess des Wissensaufbaus nicht an einer Person hing, sondern als dynamischer Prozess an einer Vielzahl von Persönlichkeiten, die ihre Ansichten, Perspektiven und Untersuchungsergebnisse einbrachten. Alexander von Humboldt kann aus diesem Grund als Vordenker einer integrierenden Wissenschaft bezeichnet werden. Heute gewinnt gerade sein Sinn für Gesamtzusammenhänge wieder massiv an Bedeutung, da die Aufspaltung der Wissenschaften in spezialisierte Einzeldisziplinen überarbeitet werden muss, wenn wir globale Probleme – die ja schließlich nicht in einzelnen

Spezialforschungsgebieten angesiedelt sind – erfolgreich adressieren möchten.

3 Einführung in die Bionik

Bionik, also das Lernen von der belebten Natur für Anwendungen in Naturwissenschaft, Technologie, Architektur und Kunst, gibt es schon seit Langem. Schon Leonardo da Vinci ließ sich für seine Fluginstrumente von der Natur inspirieren. Aber erst mit dem Boom der Nanowissenschaften, also den Wissenschaften des ganz, ganz Kleinen (ein Nanometer ist ein millionstel Millimeter), flog dieses Gebiet so richtig los – der Grund dafür ist, dass viele grundlegende Eigenschaften von biologischen Strukturen, Materialien und Prozessen auf Eigenschaften im Kleinen, im Nanometerbereich, basieren. Neuartige bildgebende Verfahren und Produktionstechniken, die im Nanobereich funktionieren, ermöglichen heute spannende Umsetzungen von Funktionen und Merkmalen biologischer Materialien, Organismen und Ökosysteme in menschengemachten Materialien, Strukturen und Prozessen.

Generell kann man die Bionik in zwei große Bereiche einteilen: die problembasierte und die lösungsbasierte Bionik. In der problembasierten Bionik wird zunächst ein Problem formuliert, Lösungen analoger Probleme aus der Natur bilden dann die Grundlage für die Umsetzung in der Technik. In der lösungsbasierten Bionik liefern Ergebnisse biologischer Grundlagenforschung die Basis für zuweilen völlig neuartige, unvorhergesehene Entwicklungen.

Lösungsbasierte Bionik

Lösungsbasierte Bionik ist ein Bottom-up-Prozess: Man betreibt dazu Grundlagenforschung an biologischen Lösungen (manchmal sind das Lösungen von Problemen, derer man sich noch gar nicht bewusst war), untersucht die Biomechanik und Funktionsmorphologie von biologischen Systemen, erkennt und beschreibt ein zugrunde liegendes Prinzip, führt eine Abstraktion dieses Prinzips (Loslösung vom biologischen Vorbild und Übersetzung in eine nicht fachspezifische Sprache) durch, sucht nach möglichen technischen Anwendungen und entwickelt schließlich solche Anwendungen zusammen mit Ingenieuren, Technikern und Designern.

Ein Beispiel für lösungsbasierte Bionik ist die Entdeckung des Lotuseffekts: Professor Barthlott aus Deutschland ist Botaniker, der sich als Grundlagenwissenschaftler mit Pflanzen, ganz besonders dem Lotusblatt beschäftigt. Es fasziniert ihn, weil es nie schmutzig ist, sondern immer sauber und rein, und deswegen auch für die Buddhisten das Zeichen der Reinheit, der Unbeflecktheit ist. Bei Untersuchungen mit dem Mikroskop erwartet sich Barthlott als Ergebnis eigentlich gar nichts Besonderes, er will es nur einmal gesehen haben: Ultraflach wird sie halt sein, die Lotusblattoberfläche, stellt er sich vor. Doch er entdeckt, dass das Blatt mit winzigen Wachsstrukturen übersät ist, die durch ihre Nähe zueinander eine Benetzung des Blattes durch Wassertropfen wegen der Oberflächenspannung unmöglich machen. Und wenn das Blatt nun ein wenig schief steht, perlt das Wasser ab und nimmt Unreinheiten wie Staubkörnchen gleich mit. Barthlott ist fasziniert, schreibt einige wegweisende wissenschaftliche Publikationen und wird Jahre später ein reicher Mann, als die Firma STO höchst erfolgreich eine selbstreinigende Fassadenfarbe verkauft, die auf dem von ihm gefundenen Lotuseffekt basiert. In diesem Fall führte lösungsbasierte Bionik in der wissenschaftlichen Grundlagenforschung im Rahmen eines Bottom-up Prozesses durch Induktion zu einer technischen Neuerung.

Problembasierte Bionik

Problembasierte Bionik ist ein Top-down-Prozess: Man definiert das Problem, sucht nach Analogien in der Natur, analysiert diese Analogien und sucht schließlich nach Lösungen für das Problem mit den gewonnenen

Erkenntnissen aus der Natur. Lösungs- und problembasierte Bionik sind unterschiedlich zeitintensiv und verlangen von den Akteuren unterschiedliche Kenntnisse und Möglichkeiten.

In der problembasierten Bionik formulieren Ingenieure, Künstler oder Wissenschaftler ein Problem, das sie mithilfe der belebten Natur lösen wollen, und durchsuchen – entweder direkt, durch Experteninterviews, Literatursuche oder eine Kombination von allen dreien – die belebte Natur nach möglichen Lösungen für das jeweilige Problem.

Ein Aufenthalt im Regenwald von Costa Rica mit Ingenieuren vom Advanced Design Concepts Center der Firma Boeing ist ein Beispiel für die Umsetzung einer derartigen problembasierten Bionik. Das Problem, das wir bei diesem Forschungsaufenthalt im Regenwald behandelten, waren die unangenehm lauten Nebengeräusche im Flugzeug. In der problembasierten Bionik gibt es mehrere Methoden, nach denen man vorgehen kann, eine der erfolgreichsten ist die *Biomimicry Inspiration Method*, die von der US-amerikanischen Biomimicry Guild entwickelt wurde. Die »Frage an die Natur« wird biologisiert, und man achtet darauf, möglichst breit zu fragen, um viele inspirierende Organismen, Eigenschaften und Funktionalitäten zu erhalten. In Bezug auf die Nebengeräusche im Flugzeug ist die biologisierte Frage also nicht etwa »Wie verringert ein

Vogel seine Fluggeräusche?«, sondern »Welche Arten von Geräuschmanagement und Vibrationsmanagement gibt es in der belebten Natur?«

Problembasierte Bionik führt relativ schnell zu einer Vielzahl von möglichen Lösungen und ist deshalb eine beliebte und weitverbreitete Methode. Ein Beispiel für äußerst erfolgreiche problembasierte Bionik sind Winglets) – die hochgebogenen Enden von Flugzeugtragflächen, die dazu dienen, den Strömungswiderstand zu verringern. Turbulenzen, die von den Flügelspitzen großer Flugzeuge erzeugt werden, sind das zugrunde liegende Problem, das zur Entwicklung von Winglets führte. Als inspirierendes biologisches Best-Practice-Beispiel dienten große Gleitvögel wie zum Beispiel Störche. In der Lösung der Natur sind die Federn an den Flügelspitzen so arrangiert, dass der hebungsinduzierte Widerstand, der von den Tragflächenspitzenwirbeln verursacht wird, durch Aufteilen des großen Wirbels in mehrere kleinere Wirbel minimiert wird. Der Transfer dieses Grundprinzips in die Ingenieurswissenschaft resultiert in den Winglets, die derzeit in vielen kommerziellen Flugzeugen Anwendung finden. Ihre Weiterentwicklung sind die Spiroids (Spaltflügelschleifen), die noch bessere Flugeigenschaften bewirken und den Treibstoffverbrauch zusätzlich senken sollen.

Eine der wichtigsten und faszinierendsten Eigenschaften natürlicher Vorgänge ist die Nachhaltigkeit der Materialien, Strukturen und Prozesse. Bionik per se ist nicht nachhaltig und liefert nicht automatisch umweltfreundliche Lösungen. Wenn man nachhaltige Produkte, Materialien und Prozesse entwickeln möchte, muss man weitere Schritte in die Methodik inkludieren. Ecodesign bietet hier zum Beispiel ein ausgereiftes Regelsystem, nach dem man vorgehen kann. Es geht dabei um die Entwicklung von Produkten unter Berücksichtigung ihrer Auswirkungen auf die Umwelt während ihres gesamten Lebenszyklus.

Meist arbeiten Techniker, die an biomimetischen Ergebnissen interessiert sind, mit Analogbionik – dadurch erhalten sie eine Vielzahl von möglichen technischen Lösungen für ihre Fachprobleme. Biologen, deren Wissen sich auf ganz bestimmte Teilgebiete oder Organismen fokussiert, nutzen meist problembasierte Bionik, wohingegen Biologen mit breitem Wissen und Systemansätzen (Ökosysteme, Regelkreise über Artengrenzen hinweg etc.) meist auch in der lösungsbasierten Bionik tätig sind.

Die lösungsbasierte Bionik ist auch deswegen so wichtig, weil sie oft überraschende Wege aufzeigt, an die man gar nicht denken würde, wenn man mit der biologisierten Frage der problembasierten Bionik die belebte Natur befragt – der Lotuseffekt ist ein gutes Beispiel dafür: Mit der Frage nach ultraflachen Oberflächen hätte man nicht die Oberfläche mit den besten Selbstreinigungseigenschaften erhalten, da diese nicht flach ist, sondern mikro- und nanostrukturiert, und mit ganz anderen physikalischen Prinzipien die Selbstreinigungseigenschaften verursacht.

In der lösungsbasierten Bionik wird neugierige, schrankenlose Wissenschaft betrieben – ohne an die wirtschaftliche Verwertbarkeit etwaiger Ergebnisse zu denken. Interessierte Menschen forschen, und ganz besonders die überraschenden Aha-Erlebnisse sind wichtig. Da man Neugier und Begeisterung nicht in Schubladen zwängen kann, brauchen Bioniker, die lösungsbasiert arbeiten, alle Freiheiten, die möglich sind. Im Kopf, in ihrer Art des Denkens und auch in ihren Forschungsgebieten und -orten. Etliche der erfolgreichsten, revolutionärsten bionischen Anwendungen basieren auf lösungsbasierter Bionik, wie das folgende Beispiel zeigt.

Im Jahre 1949 führte der Schweizer Ingenieur Georges de Mestral seinen Hund spazieren. Wieder einmal ärgerte er sich über die Kletten im Fell seines geliebten Vierbeiners, doch diesmal blieb es nicht bei Ärger allein. Er entfernte einige Kletten aus dem Fell und betrachtete sie unter dem Mikroskop. Ihre Struktur mit Hunderten von kleinen, flexiblen aber starken Häkchen, die es ihnen ermöglichen, sich an textile und haarige Strukturen reversibel anzuheften, faszinierte ihn und ging ihm lange Zeit nicht aus dem Kopf. Im Jahr 1951 meldete er schließlich seinen bioinspirierten Klettverschluss zum Patent an und der Rest ist Geschichte. Der Klettverschluss ging um die Welt, er revolutionierte durch seine Möglichkeit des Zusammenhaltens ohne Klebstoff und ohne Knoten die Art und Weise, wie wir Dinge verbinden, und machte Georges de Mestral zum Millionär. Und dies alles ausschließlich wegen eines neugierigen Blickes unters Mikroskop.

Pierre Curie, Nobelpreisträger und Ehemann der berühmten Nobelpreisträgerin Marie Skłodowska-Curie, sagte einmal: »Der Zufall trifft nur auf den vorbereiteten Geist.« Georges de Mestral hatte einen vorbereiteten Geist. Die nachfolgende Geschichte aus den frühen Jahren meines eigenen Forscherinnendaseins möge nun dieses Konzept des glücklichen Zufalls anhand meiner Forschungen in Kalifornien erläutern. Wenn mein Geist nicht darauf vorbereitet gewesen wäre, ein bisschen Hilfe von Schnecken zu akzeptieren, wer weiß, ob meine wissenschaftliche Entwicklung nicht eine ganz andere Richtung eingeschlagen hätte.

Linksdrehende Wiener Wasserschnecken

Als frisch promovierte Doktorin der technischen Wissenschaften war es 1999 an der Zeit, meine wissenschaftlichen Lehr- und Wanderjahre anzutreten. So beschloss ich, in die USA zu gehen, an die Physikabteilung der Universität von Kalifornien in Santa Barbara. Allein ging ich jedoch nicht nach Amerika, denn ich hatte »Haustiere« dabei, das Abschiedsgeschenk eines Freundes: kleine, braun glänzende, linksgedrehte Wesen – 17 kleine Wasserschnecken aus der Lobau, dem sogenannten Dschungel Wiens, einem Teil des Nationalparks Donau-Auen. Die Schnecken waren ein paar Millimeter groß, ruhige Freunde in allen Situationen.

Auf meinem Schreibtisch in meinem neuen Labor in Kalifornien wartete auf mich ein großes Süßwasseraquarium mit Glasobjektträgern und vielen Hunderten Arten von Kieselalgen. Kieselalgen sind kleine Algen, maximal (bis auf wenige Ausnahmen) so lang wie ein menschliches Haar breit ist, mit einer außergewöhnlichen Eigenschaft: Sie bauen sich nämlich Häuser aus Glas! Und da sie in der Glaserzeugung schon seit Jahrmillionen aktiv sind, können wir Menschen, die dieses Material erst seit einigen Tausend Jahren herstellen, viel von diesen Lebewesen lernen. Oder haben Sie vielleicht eine Idee, wie man Glas herstellen soll, in einem Fluss mit 20 Grad Wassertemperatur, mit wenig Licht und nur einigen Mineralien zur Verfügung? Kieselalgen können das. Diese Einzeller würden also meine Untersuchungsobjekte sein. Ansehen sollte ich sie mir mit einem neuartigen Mikroskop, dem Rasterkraftmikroskop. Niemand hatte es bis dahin geschafft, lebende

Kieselalgen mit diesem Mikroskop zu betrachten – die Spitze des mechanischen Mikroskops verschob die Algen hauptsächlich, anstatt sie abzubilden.

Für ein zweites Aquarium für meine kleinen Wiener Unterwasserfreunde war kein Platz auf meinem Schreibtisch, infolgedessen beschloss ich, die Schnecken mit den Kieselalgen zu vergesellschaften – sind ja beide Süßwasserwesen. Gesagt, getan.

Die nächsten Wochen war viel zu tun, ich organisierte mir eine schöne Unterkunft, fuhr mit meinem Fahrrad durch die Gegend, lernte Leute und Labors kennen, las wissenschaftliche Literatur über Mikroskope und Glas machende Algen – und vergaß über all diesen Aktivitäten, meine Schnecken zu füttern. Die hatten sich aber zu helfen gewusst, wie ich voller Schrecken feststellen musste, als ich meine ersten experimentellen Untersuchungen durchführen wollte und dazu die Mikroskopgläschen, die schon längst mit einem Rasen von Kieselalgen bewachsen hätten sein sollen, unters optische Mikroskop legte. Denn ich sah – nichts. Keine Kieselalge. Keine einzige. Am ersten Mikroskopieglas keine, am zweiten keine, am dritten, links oben im Eck, ganz klein, drei oder vier vereinzelte Algen, das nächste Glas wieder völlig leer. Meine Schnecken, hungrig wie sie gewesen waren, hatten meine wissenschaftlichen Untersuchungsobjekte gefressen! Ich war völlig verzweifelt und wollte schon meine Sachen packen und Amerika wieder verlassen – hatten doch meine Haustiere die Basis meiner wissenschaftlichen Arbeit verzehrt.

Dann aber ein Geistesblitz: Die paar wenigen Algen, die ich am dritten Gläschen links oben gesehen hatte – das mussten ganz besondere Algen sein, denn sie hatten die Raspelzungen der hungrigen Schnecken überlebt und würden deswegen, schlussfolgerte ich, auch die mechanischen Belastungen durch die Spitze meines Mikroskops überstehen. Voller Vorfreude ging ich also zu meinem Professor, dem weltberühmten Physiker Paul Hansma, und erklärte ihm: »Heute Nacht gibt es die ersten rasterkraftmikroskopischen Aufnahmen von lebenden Kieselalgen!«

Am 11. Juni, um 4:33 Uhr morgens war es dann so weit – die ersten Aufnahmen! Die feine Spitze des Rasterkraftmikroskops hatte es geschafft, die Algen abzubilden, und offenbarte mir wunderschöne, geordnete Strukturen aus Löchern, Streifen und elegant gekrümmten Oberflächen. Ich war verzaubert und stolz: Niemand vor mir hatte jemals etwas Derartiges gesehen – die ersten Bilder von lebenden Kieselalgen unter dem Rasterkraftmikroskop. Und meine Schnecken hatten mir geholfen, aus Hunderten von Arten diejenigen rauszusuchen, die mit dem Mikroskop kompatibel sind.

Aber das war noch nicht alles. Nicht nur, dass die Schnecken mir zu schönen, klaren Aufnahmen verholfen hatten. Sie hatten mir außerdem den besten im Aquarium verfügbaren Unterwasserkleber herausselektiert – die Kieselalgen nämlich, die weniger stark klebten, waren von den Schnecken einfach aufgefressen worden. Nur die mit dem stärksten Kleber hatten den Raspelzungen der Schnecken widerstehen können. Nachfolgende spektroskopische Untersuchungen zeigten, dass dieser Kleber sehr stark ist und sich sogar selbst reparieren kann.

Die Kieselalgenart *Navicula seminulum* ist eine von drei Kieselalgenarten, die von den Wiener Unterwasserschnecken als mit dem Rasterkraftmikroskop kompatible Art ausgewählt wurde. Nach der Aufnahme gab ich die Algen wieder ins Aquarium zurück, wo sie weiterlebten und sich vermehrten. Meine Ergebnisse wurden in mehreren wissenschaftlichen Journalen abgedruckt und bei internationalen Kongressen vorgestellt. Und niemals habe ich vergessen, dankbar die Schnecken zu erwähnen.

Gefahren der
»Schneller-kleiner-günstiger-Bionik«

In der uns umgebenden Natur findet sich ein komplexes System von Organismen und ihrer Umwelt. Es gibt Abhängigkeiten, Interaktionen und Kontrollmechanismen, die sich über Milliarden von Jahren gebildet haben und die ein nachhaltiges System hervorgebracht haben, in dem Kommunikation und Miteinander sich die Waage halten mit dem Kampf ums Dasein und das Überleben der eigenen Nachkommen.

Wir Menschen haben schon immer von der Natur gelernt und uns inspirieren lassen. Lange Zeit ist das auch gut gegangen, da der Wissenstransfer meist im Makro- und Mesobereich stattfand (also im Längenbereich von Metern bis Millimetern, aber nicht kleiner), und meist die Form transferiert wurde. Seit Ende der 80er-Jahre jedoch tauchen wir mit unseren wissenschaftlichen und technischen Möglichkeiten immer tiefer in den Mikro- und Nanobereich ein. Hier wird es kritischer, wenn wir wahllos interessante Materialien, Strukturen und Prozesse in die Technik transferieren. Im Organismus gibt es Mechanismen, die die Auswirkungen genetischer Vorgänge unterstützen, regeln und bei Bedarf abschalten. In unserer heutigen Technologie, insbesondere auf der Ebene der Materialwissenschaft, ist das (noch) nicht der Fall. Deswegen können vereinzelte Eigenschaften, die entkoppelt von ihrer Umgebung in die Technik umgesetzt werden, ungeregelt wachsen und Merkmale entwickeln, die man eigentlich nicht möchte.

Im Großen macht es keine gröberen Probleme, wenn wir bei unserem bionischen Abstraktionsprozess und dem darauffolgenden Transfer in die Technik andere als die von der Natur beim jeweiligen Phänomen eingesetzten Materialien verwenden. Viele der Forminspirationen in der Architektur funktionieren auf diese Art und Weise. Wenn man jedoch bei den transferierten Eigenschaften in den Mikro- und Nanometerbereich vorstößt, kommen besondere Eigenheiten zum Tragen: Nanomaterialien sind nicht nur in Bezug auf das jeweilige Material giftig, neutral, unbedenklich oder gesund, sondern auch in Bezug auf Größe und Struktur. Das heißt, dass bestimmte Materialien, die in unserer normalen Makrowelt absolut unbedenklich sind, gefährlich für Leben und Gesundheit werden können, wenn sie eine bestimmte kleine Größe oder Form annehmen. Das macht die Abschätzung des Risikos und die Feststellung der Unbedenklichkeit nicht einfacher. Es gibt viele Materialien, die vom Menschen verwendet und/oder hergestellt und standardmäßig in Gefahrgutklassen von eins bis neun eingeteilt werden. Eine derartige Ordnung berücksichtigt aber nicht, dass bestimmte Stoffe, wenn sie besonders strukturiert sind oder in sehr kleinen Korngrößen vorkommen, gefährlich werden können.

Manche Materialien sind also nur dann gefährlich, wenn sie eine bestimmte Struktur oder kleine Größe haben: Silber im Großen ist beispielsweise ein relativ inertes Material, Nanosilber jedoch ist sehr gefährlich für lebende Zellen. Ein anderes Beispiel: Teflon ist sicherlich jedem durch die Beschichtung auf Bratpfannen ein Begriff. Es ist ein höchst inertes Material und ungiftig. Wenn jedoch nanoskaliges Teflon von Ratten gerochen wird, kann es sein, dass das Nanoteflon über den Geruchsnerv direkt ins Gehirn der Ratte wandert. Nun ist die Schranke zwischen Blut und Gehirn eine der undurchlässigsten Grenzen im Organismus. Neurologen haben es sehr schwer, Pharmazeutika direkt in das Gehirn zu bekommen. Doch Nanoteflon wandert einfach so die »Nervenautobahn« hinauf.

Aus dem großen Oberflächen-zu-Volumen-Verhältnis bei nanostrukturierten Materialien kann eine oft höhere Reaktionsfähigkeit sowie eine verbesserte Bindungsfähigkeit resultieren, die die Gefährlichkeit des Stoffes beeinflusst. Durch die beiden zusätzlichen Parameter von Größe und Form wird der zu analysierende Bereich jedoch zu groß, um ihn in einer Gefahrgutverordnung darzustellen. Was also tun, um sicherzustellen, dass eine bestimmte Struktur aus einem bestimmten Material nicht gefährlich oder giftig ist? Dass gewisse Nanopartikel nicht lungengängig sind und dort Krebs verursachen? Dass das Blut oder das Hirn nicht belastet wird und daraus schwere Krankheiten resultieren? Am besten, auf einen guten Lehrmeister zurückgreifen: Die belebte Natur zeigt uns, welche Materialien problemlos verwendet werden können, sogar im ganz Kleinen, und es hat vielleicht auch einen Grund, dass das Prinzip »Struktur statt Material« so oft Anwendung in lebenden Organismen findet. Herstellen könnten Organismen wahrscheinlich sehr viel mehr Materialien, als sie derzeit verwenden. Vielleicht sind viele getestet, dann aber wieder aus dem Netzwerk des Lebendigen ausgeschieden worden, weil sie sich einfach als gefährlich oder gesundheitsschädlich erwiesen haben.

Damit klar wird, von welchen Dimensionen hier die Rede ist: Meter und Millimeter sind für uns Menschen gewohnte Größenordnungen. Mikroskope erlauben uns den Blick in die Mikro- und Nanowelt. Wie klein diese ist, kann man sich nur schwer vorstellen. Ein Marienkäfer ist circa einen Zentimeter groß, ein Floh ein Zehntel davon (einen Millimeter). Eine Amöbe ist einen Zehntelmillimeter groß (also 100 Mikrometer oder µm), das entspricht etwa dem Durchmesser eines menschlichen Haares. Ein rotes Blutkörperchen ist 10 µm groß und ungefähr ein Zehntel davon in der Größe ist ein Cholerabakterium (1 µm). Viren, zum Beispiel das Tabakmosaikvirus, sind circa 100 Nanometer (nm) groß, und ein großes organisches Molekül ist ein Zehntel davon im Durchmesser (10 nm). Große anorganische Moleküle sind etwa 1 nm groß, Atome etwa 0,1 nm und Atomorbitale circa 0,01 nm.

Struktur statt Material –
Wie artenspezifische Insektizide funktionieren

Auf den ersten Blick scheint es keinen besonderen Zusammenhang zu geben zwischen einem angewandten Mathematiker wie Professor Feodor Borodich von der walisischen Universität Cardiff und einem Insektizid, das nur gegen eine besondere Art von Insekten hilft und bei den anderen wirkungslos ist – und wenn es vom Menschen gegessen wird, problemlos verdaut oder ausgeschieden wird. Und doch war Professor Borodich einer der ersten, die den Weg geebnet haben zu einem Insektizid, das nur gegen einen bestimmten Schädling wirksam ist und sonst niemandem schadet. Diese Wirkungsweise gegen Insekten ist durch folgende Analogie einfach zu verstehen: Wenn auf dem Boden Glasscherben liegen, betritt man mit bloßen Füßen nur die Bereiche, in denen keine Scherben sind, eben weil man sie sich nicht eintreten will. So ähnlich funktionieren manche Blattoberflächen.

Was Professor Borodich berechnet hat, ist, dass manche Pflanzen, die von gewissen Tieren bevorzugt gefressen werden, Wachskristalle auf ihrer Oberfläche entwickelt haben, die in Bezug auf ihre Größe, ihr Bruchverhalten und ihre Dichte maximal unangenehm sind für das Insekt, das die jeweilige Pflanze am liebsten frisst. Professor Borodich zeigte das durch lange und schwierige Rechnungen, aber man kann es sehen, wenn der jeweilige Fressfeind sich auf seiner Pflanze niederlassen will: Er fühlt sich nicht wohl. Hebt seine Beinchen. Fliegt schnell wieder weg. Weil die Wachskristalle in seine Füßchen eindringen und abbrechen. Ob Insekten Schmerzen erleben können, ist noch immer eine große Frage in der wissenschaftlichen Forschung. Dass das Eindringen der Wachskristalle in die Beinchen allerdings unangenehm ist und in Zukunft vom jeweiligen Insekt vermieden wird, ist Tatsache. Stellen Sie sich vor, was man mit smart konstruierten Wachskristallen machen kann: Man kann bestimmte Insekten daran hindern, sich auf Pflanzen (oder generell Oberflächen) niederzulassen, ohne dass man anderen Insekten oder dem Menschen schadet. Einfach, indem man die Bruchmechanik und die Insektenbeine versteht, dementsprechende Strukturen technisch nachbaut und die jeweiligen Oberflächen damit beschichtet.

Viele Pflanzen im Regenwald sind mit einer Hartwachsschicht bedeckt. Ein Beispiel sind Bananenblätter, denen das mikro- und nanostrukturierte Wachs einen weißlich-blauen Schimmer verleiht. Mit dem Fingernagel kann das Wachs leicht weggeschabt werden, zurück bleibt dann die grüne Blattoberfläche. Ein weiteres Beispiel ist die Carnaubapalme, eine Fächerpalme, die wild im tropischen Regenwald wächst. Das Wachs dieser Palme ist das härteste bekannte natürliche

Wachs, es findet zum Beispiel Verwendung als Überzugsmittel in Kaugummis, in hochwertigen Autolacken und als Konsistenzgeber in Salben und Cremes. Selbst mikro- oder nanostrukturiert ist dieses Wachs chemisch nicht giftig, sondern wird einfach unverdaut wieder ausgeschieden.

Es ist sehr wichtig, besonders wenn man große Mengen einer Substanz braucht, dass diese umweltfreundlich gewonnen wird, und es gibt einen Unterschied zwischen grün und nachhaltig. Im Prinzip würde jedes Material mit einer gewissen Bruchcharakteristik gegen die jeweiligen Insekten wirken. Allerdings wissen wir bei den meisten Materialien nicht, ob sie als bestimmt geformte Nanostrukturen giftig werden und für wen. Deswegen erscheint es am klügsten, als artenspezifische Insektizide Pflanzen- und Fruchtwachse zu verwenden, deren Unschädlichkeit auch bei Nanostrukturierung feststeht.

4 Die Lösung der großen globalen Probleme – Über Nachhaltigkeit und Naturschutz

In diesem Kapitel möchte ich ein Thema behandeln, das zwar traurig ist, mir aber sehr am Herzen liegt. Die globalen Probleme wurden mir erst vollständig bewusst, als ich mich im Zuge der Recherchearbeiten für einen Hauptvortrag bei einer wissenschaftlichen Konferenz in Saudi-Arabien zum Thema »Nachhaltige Biomimetik« in die wissenschaftlichen Arbeiten dazu einlas: Das Buch *Kollaps* von Jared Diamond und Artikel in den angesehenen Wissenschaftsjournalen *Nature* und *Science* öffneten mir die Augen und sensibilisierten mich in eine für mich völlig neue Richtung. Einige dieser Arbeiten werde ich im Folgenden näher vorstellen.

Generell möchte ich anmerken, dass massive Probleme wie das Überschreiten der planetaren Grenzen, das Massenaussterben der Arten und der anstehende Kollaps der marinen Biosphäre auf grundlegende Fehler unserer Gemeinschaft und das daraus resultierende Verhalten von Individuen und Körperschaften zurückzuführen sind. Diese grundlegenden Fehler sind die menschliche Gier und die übergroße Dominanz der Wirtschaft, die das Denken, Leben und Streben der meisten Menschen bestimmen – statt eines Bewusstseins für die Zerbrechlichkeit der Biosphäre und unsere Verantwortung für das Leben im Allgemeinen.

Als Naturwissenschaftlerin habe ich nur begrenzte Möglichkeiten, gegen die Gier vorzugehen. Ich betreibe Bewusstseinsbildung, wo ich kann – in Interviews, bei Vorträgen und in publizierten Arbeiten wie diesem Buch. Was ich im Besonderen tun kann, ist Wege vorschlagen zu einer neuen Art, Technologie zu betreiben. Einer besseren, disruptiven (also ganz neuen und anderen) Art, die einen Ausweg auf technischer Basis vorschlägt. Die Problemkreise sind groß, komplex und voneinander abhängig, sodass smarte Kollektive aus verschiedenen Fachbereichen gefragt sind, die von vielen, auch unkonventionellen Blickwinkeln den derzeitigen Zustand unserer Welt begutachten, einschätzen und Aktionen für die Zukunft vorschlagen.

Ein derartiges globales Unterfangen erfordert aber zunächst ein generelles Umdenken. Im wissenschaftlichen Bereich könnte dieses Umdenken folgendermaßen aussehen: Im Universitätssystem werden derzeit hauptsächlich eine große Anzahl hochwertiger Publikationen (und ihrer Zitierungen durch Fachkollegen in anderen hochwertigen Publikationen) und die akquirierten finanziellen Mittel für Forschungsprojekte geschätzt. Dies sind wichtige Indikatoren für die Qualität von Wissenschaft, aber natürlich nicht die einzigen. In vielen Fällen verhindert eine Konzentration auf zu wenige Parameter den Blick aufs große Ganze. Geeignete Menschen sollten auch außerhalb dieser Parameter, die derzeit Beförderungen, Berufungen und Vertragsverlängerungen in der akademischen Welt bedingen, Zeit und Gelegenheit haben, zusammen mit Kollegen und Kolleginnen aus weiteren Bereichen über den Zustand unserer Welt nachzudenken und einen Aktionsplan vorzuschlagen, der breite politische Anerkennung erfährt und nach eingehender Prüfung und Begutachtung umgesetzt wird. Die Wissenschaft kann natürlich nicht Lösungen für alle Probleme, mit denen wir derzeit konfrontiert sind, anbieten. Es gibt wichtige Themen wie Spiritualität, Liebe und Hoffnung, die ganz oder teilweise außerhalb des Reichs des wissenschaftlichen Zugangs und seiner Lösungsvorschläge angesiedelt sind. Es ist für jeden Menschen von Vorteil, über seine oder ihre selektive Wahrnehmung der Welt nachzudenken, die auf Erziehung, Sozialisation und Umgebung basiert. Die Welt und ihre Probleme werden von verschiedensten Kreisen vollig unterschiedlich wahrgenommen.

Derzeit bestimmt hauptsächlich die Finanzierung durch Projektgelder die Arbeitsgebiete von Wissenschaftlern und Ingenieuren. Dadurch passiert eine Fragmentierung des Wissens. Obwohl substanzielle Teile der finanziellen Mittel für die Forschung von öffentlichen Einrichtungen stammen, sind große Teile des Wissens noch immer nicht allgemein zugänglich. Dies verhindert die Errichtung eines Wissensnetzwerks, das für alle zugänglich ist und das die Wissensbasis für die Entwicklung von Empfehlungen für zukünftige Aktionen darstellt, wie man die globalen Herausforderungen adressieren könnte, mit denen die Menschheit derzeit konfrontiert ist. Viele große Geister, die eventuell höchst wertvolle Beiträge leisten könnten, haben derzeit einfach keinen Zugang zu Wissen und Netzwerken, die sie für die Entwicklung von Lösungen brauchen. Derzeit entstehen und wachsen aber vielversprechende neue Zugänge wie Open Science, Responsible Research und Open Innovation.

Unser Umgang mit Ressourcen, wie wir sie gewinnen und daraus Dinge erzeugen, transportieren, verwenden und schlussendlich entsorgen, ist entlang einiger weniger Parameter optimiert. Wir tun heute Dinge auf eine Art und Weise, die in gefährlichen Veränderungen biogeochemischer Zyklen und einem Niedergang des globalen Ökosystems, inklusive eines menscheninduzierten Massenaussterbens der Arten, resultiert. Sogar

Vertreter von Fachgebieten, die eigentlich vorhaben, derartige komplexe Problemkreise zu adressieren, machen den Fehler, sich in ihren Überlegungen auf viel zu wenige Parameter zu konzentrieren, und im Endeffekt scheitern sie – weil ihre Ergebnisse nicht wirklich nachhaltig und umweltfreundlich sind. Davon ist leider auch die Biomimetik betroffen, die ja eigentlich von der vollen Komplexität der belebten Natur lernen sollte und könnte, die Umweltfreundlichkeit vieler von Organismen geschaffener Produkte inklusive.

Doch Biomimetik ist nicht per se nachhaltig. Sie ist eine Designmethode und als solche frei von Werten. Allerdings – wenn wir schon von der belebten Natur über bessere Zugänge in den Ingenieurswissenschaften lernen, warum sollten wir uns nur auf Muster, Strukturen, Materialien und Prozesse konzentrieren und nicht eine der faszinierendsten Eigenschaften des Lebens mittransferieren – die dem System innewohnende Nachhaltigkeit?

Wir sind in unsere umweltschädigende Art und Weise, Dinge zu tun, bis zu einem gewissen Grad einfach reingeschlittert. Niemand wollte etwas Böses, damals, als die ersten Verbrennungsmotoren in Maschinen zur Produktion von Gütern und Transportmitteln eingesetzt wurden. Sie nahmen den Menschen viel körperlich schwere Arbeit ab und ersetzten die Pferde in den Städten, deren Mist sich zusehends aufzutürmen begann. Leider jedoch haben wir uns in den vergangenen 100 Jahren (viel mehr sind es nicht!) zu einer höchst *nicht* nachhaltigen Gesellschaft entwickelt, mit massiven Problemen, die wir adressieren müssen. Was ich verlange und wonach ich mit all meiner Arbeit und Geisteskraft strebe, ist die Entwicklung einer Technik, die nicht nur nicht umweltschädigend ist, sondern die umweltfreundlich ist. Gut für alles Leben. Dies ist möglich. Wir müssen sie nur entwickeln.

Die finanzielle Förderung für die Entwicklung einer solchen umweltfreundlichen Technologie, also einer umweltfreundlichen Art und Weise, auf allen Ebenen Dinge zu tun, wird nur in wenigen Fällen direkt von der Industrie kommen. Zu groß und weitblickend ist dieser Zugang, zu kurzfristig und eng sind die Ziele und Erfolgsparameter der heutigen Wirtschaft gesteckt. Hier ist Kreativität gefordert, die nur von Unterstützern möglich gemacht wird, die sich mit den Zielen identifizieren können.

Meere in Gefahr

Bevor wir über Probleme nachdenken, müssen wir uns ihrer bewusst sein. Ich stelle Ihnen hier einige der größten Problemkreise vor.

Im Jahre 2005 veröffentlichte der US-amerikanische Wissenschaftler und Autor Jared Diamond sein Buch

Kollaps – Warum Gesellschaften überleben oder untergehen. Er identifiziert darin die vier dringendsten Problemkreise der modernen Welt. Erstens die Zerstörung oder der Verlust von natürlichen Ressourcen, zweitens das Erreichen der Limits natürlicher Ressourcen, drittens Produktion und Transport von schädlichen Dingen und viertens Bevölkerungsfragen. In den ersten Themenkreis fallen die Zerstörung natürlicher Habitate, Aquakulturen, der Verlust von Biodiversität sowie Bodenerosion und Bodenzerstörung. Zum zweiten Themenkreis gehören fossile Energieträger, Wasser und das Limit bei der Fotosynthese. Der dritte Themenbereich umfasst giftige, vom Menschen erzeugte Chemikalien, fremde Arten und das Ozonloch. Und als vierten Themenkreis bezeichnet Diamond das Weltbevölkerungswachstum und den Einfluss der Bevölkerung auf die Umwelt.

Weitere Forscher und Forscherinnen sprechen von einem nahenden, vom Menschen gemachten Kollaps des marinen Ökosystems. Die Ozeane nehmen circa die Hälfte des Kohlendioxids auf, das wir Menschen durch die Verbrennung von fossilen Brennstoffen in die Luft jagen. Da die Menge an Kohlendioxid, die wir produzieren, steigt und steigt, werden auch die Ozeane zusehends saurer (Kohlendioxid und Wasser ergibt Kohlensäure). Je saurer das Meer, desto schwieriger wird es jedoch für Lebewesen, sich aus dem gelösten

Kohlendioxid Kalkschalen zu bauen und dadurch den Kohlenstoff in Form von Kalk für lange Zeiten zwischenzulagern, anstatt ihn als Kohlensäure das Meer versauern zu lassen. Die Kalkalpen sind zum Beispiel das Resultat der Sedimentation von unzähligen Kalk bildenden Lebewesen in einem weit weniger sauren Meer als heutzutage.

Eine potenzielle Folge dieser Übersäuerung der Meere ist ein Kollaps des marinen Ökosystems, mit unabsehbaren Folgen für die Menschheit und die Biosphäre im Allgemeinen. Eine drastische, schnelle Verminderung des Kohlendioxidausstoßes scheint eine valide Lösung dieses Problems darzustellen. Allerdings ist dieser Problembereich sehr komplex, und es ist schwierig, die Folgewirkungen des Einflusses der Menschheit auf das globale Ökosystem vorherzusagen.

Der Bericht des Internationalen Programms über den Zustand unserer Ozeane (IPSO) spricht von einem massiven Rückgang der Individuen vieler Arten (bis zum sogenannten kommerziellen Aussterben, das heißt, es gibt noch Tiere dieser Art, aber nur mehr so wenige, dass keine umfangreiche, kommerzielle Verwendung mehr möglich ist) und von einer hochgradigen regionalen Zerstörung wichtiger Lebensräume wie Mangrovenwälder und Seegrasbetten. Derartige Lebensräume sind unter anderem für die Entwicklung von Jungtieren wichtig sowie als Erosions- und Tsunamischutz.

Der Bericht besagt, dass wir als Konsequenz unserer menschlichen Aktivitäten in Kombination mit Klimawandel, Verschmutzung, Übernutzung und Verlust von Lebensräumen innerhalb nur einer Generation Arten und ganze marine Ökosysteme komplett verlieren, in einem menscheninduzierten massiven Massenaussterben der Arten, dem sechsten, das auf der Erde stattfindet. Massenaussterben wird definiert als das Aussterben von drei Vierteln aller Arten innerhalb einer geologisch kurzen Zeitspanne von einigen zehntausend bis mehreren hunderttausend Jahren. Das fünfte war das Aussterben der Dinosaurier vor Millionen von Jahren. Globale Erwärmung, Übersäuerung der Ozeane und veränderter Sauerstoffhaushalt sind drei Symptome, die den biogeochemischen Kohlenstoffzyklus der Erde durcheinanderbringen – wie es auch schon bei den vergangenen fünf Massenaussterben der Fall war. Diese Veränderungen gehen sehr schnell vor sich, laufen in vielen Fällen massiv beschleunigt ab und erfordern schnelle Reaktion.

Der Bericht empfiehlt eine umgehende, massive Reduktion von Treibhausgasen, sofortige Aktionen, um die vorteilhafte Struktur und Funktion mariner Ökosysteme wiederherzustellen, eine universelle Implementierung des Vorsorgeprinzips (es werden nur Aktivitäten bewilligt, die nachweislich allein und in Kombination mit anderen dem marinen Ökosystem nicht schaden) und die Errichtung einer globalen Körperschaft, die ermächtigt ist, auf die Einhaltung der Regeln zu achten.

Massenaussterben, planetare Grenzen und globale Herausforderungen

Im Jahre 2011 veröffentlichte der Forscher Anthony D. Barnosky aus Berkeley in Kalifornien mit seinem Team eine wissenschaftliche Arbeit im angesehenen Journal *Nature*. Es geht darin darum, dass die Menschheit durch ihre Art, mit der Natur umzugehen, also Dinge zu tun, zu produzieren, zu verwenden, zu transportieren, zu gewinnen und zu entsorgen, ein Massenaussterben der Arten hervorgerufen hat. Diese betrifft nicht nur Arten wie Tiger, Elefanten und Rhinozerosse, sondern auch viele Schlüsselorganismen, die wichtige Plätze in der Nahrungskette einnehmen, und auch solche, die Nährstoffe für den Menschen oder Pflanzen erst verfügbar machen: Bodenbakterien zum Beispiel, ohne deren Hilfe Blätter nicht in Humus umgewandelt werden können, Darmbakterien, die uns helfen, gewisse Nährstoffe aufzuschließen, und Stickstoff fixierende Mikroorganismen, ohne die viele Pflanzen nicht auskommen können. Ein Massenaussterben der Arten ist katastrophal für die Menschheit und die Natur. Die Gruppe folgert in ihrer Arbeit, dass massive, effektive Konservierungsmaßnahmen nötig sind, um diesen Vorgang zu stoppen. Ob wir Erfolg damit haben, ist allerdings fraglich – es könnte schon zu spät sein. Und die Natur könnte uns auch hier überraschen – durch das schnelle Auffüllen von neu entstandenen Nischen mit sich schnell anpassenden Einzellern.

2012 veröffentlichte Barnosky mit seinem Team eine weitere wichtige Arbeit in *Nature*. Es geht darin um einen Kipppunkt, dem sich die gesamte Biosphäre der Erde nähert. Derartige Kipppunkte kennen Sie vielleicht auch aus Ihrem täglichen Leben, allerdings auf viel kleinerer Skala: Wenn in einen Teich immer wieder Wasser mit vielen Nährstoffen eingeleitet wird, beginnen Algen vermehrt zu wachsen, aber es treten keine großen Veränderungen auf – der Teich puffert vieles ab. Aber dann, plötzlich, wenn die Belastung zu groß wird, kippt der Teich und alles stinkt faulig und stirbt ab. Barnosky und seine Mitarbeiter betonen in ihrer Arbeit, dass die gesamte Biosphäre der Erde plötzlich und jederzeit in einen anderen Zustand kippen kann – in einen überraschenden, neuen Zustand, der eventuell nicht lebenswert ist für den Menschen. Grund dafür sind menschliche Einflüsse auf die Biosphäre, die komplexe Interaktionen und Feedback-Schleifen bedingen. Das Forscherteam rät dazu, die Weltbevölkerung und den Pro-Kopf-Ressourcenverbrauch zu reduzieren, die Verwendung von nicht fossilen Energieträgern im Vergleich zu fossilen massiv zu erhöhen, die Lebensmittelproduktion grundlegend umzustellen und die Ökosysteme smart zu managen.

Johan Rockström ist ein schwedischer Agrarwissenschaftler, der im Jahr 2009 in *Nature* mit seinem Team eine Arbeit zu den Belastungsgrenzen unseres Planeten publizierte. Im Jänner 2015 erschien im Wissenschaftsjournal *Science* ein darauf aufbauender Artikel. In den beiden Arbeiten identifizieren die Forscher und Forscherinnen quantitative Grenzen, die nicht überschritten werden dürfen, wenn man die Menschheit davor bewahren möchte, irreversible Umweltveränderungen zu verursachen. Rockström und Mitarbeiter stellten Grenzwerte für folgende Erdsystemprozesse auf: Klimawandel, Verlust an Artenvielfalt, Phosphorkreislauf, stratosphärischer Ozonschwund, Übersäuerung der Ozeane, globaler Frischwasserverbrauch, Veränderungen in der Landverwendung, Aerosole in der Atmosphäre und chemische Verschmutzung. Das Überschreiten dieser Grenzen könnte katastrophale Folgen haben, insbesondere, da die Prozesse in manchen Fällen aneinandergekoppelt sind, sich bedingen und auch gegenseitig aufschaukeln können – wir sind also nicht auf der sicheren Seite, wenn wir nur einen oder zwei dieser Werte »korrigieren«. Im Jahr 2009 waren drei der Belastungsgrenzen bereits überschritten: jene für Klimawandel, Verlust an Artenvielfalt und Phosphorkreislauf. In der Arbeit, die 2015 erschien, konzentriert sich das Team darauf, die Werte zu aktualisieren und Maßzahlen für die Entwicklung der Menschheit auf einem sich verändernden Planeten anzugeben, im Rahmen der bestehenden Schwellwerte, Rückkopplungsmechanismen und Unsicherheiten.

Das Millenniumprojekt

Das Millenniumprojekt der Vereinten Nationen, an dem 2500 Futuristen, Wissenschaftler, Entscheidungsträger und Businessplaner aus über 50 Ländern arbeiten, wurde im Jahr 1996 initiiert (und es verfügt über eine umfangreiche Website, auf der man sich informieren kann: www.millennium-project.org). Es geht darum, die Millenniumsentwicklungsziele, die im Rahmen des Jahrtausendtreffens der Vereinten Nationen im Jahr 2000 festgesetzt wurden, zu erreichen. Dabei handelt es sich um die Bekämpfung von extremer Armut und extremem Hunger, Primärschulbildung für alle, Gleichstellung der Geschlechter, Senkung der Kindersterblichkeit, Verbesserung der Gesundheitsversorgung von Müttern, Bekämpfung schwerer Krankheiten, ökologische Nachhaltigkeit und den Aufbau einer globalen Partnerschaft für Entwicklung. Seit 2009 werden im Rahmen des Millenniumprojekts jährlich die 15 größten globalen Herausforderungen der Menschheit identifiziert und Maßnahmen zu ihrer erfolgreichen Adressierung vorgeschlagen. Eine dieser Maßnahmen ist zum Beispiel eine globale Ethik, wie sie in einer zusehends globalisierten Welt mit verschiedensten Religionen, Glaubenssystemen und Weltansichten notwendig wird. Die Ergebnisse werden jährlich als Buch und CD veröffentlicht.

Die aktuellen globalen Herausforderungen gemäß dem UN-Millenniumprojekt sind:

1. Wie kann nachhaltige Entwicklung für alle erreicht werden, mit gleichzeitiger Bewältigung des globalen Klimawandels?
2. Wie kann jeder Mensch genügend sauberes Wasser ohne Konflikt erhalten?
3. Wie können Bevölkerungswachstum und Ressourcen ins Gleichgewicht gebracht werden?
4. Wie kann echte Demokratie aus autoritären Regimen entstehen?
5. Wie kann Politik gemacht werden, die auch langfristige, globale Perspektiven berücksichtigt?
6. Wie kann die globale Konvergenz von Informations- und Kommunikationstechnologien Arbeit für alle schaffen?
7. Wie kann ethische Marktwirtschaft dazu beitragen, die Kluft zwischen arm und reich zu verkleinern bzw. zu schließen?

8. Wie kann die Gefahr von neuen und wiederauftauchenden Krankheiten und immunen Mikroorganismen reduziert werden?
9. Wie kann in einer Zeit sich verändernder Arten der Arbeit und Institutionen die Kapazität zu entscheiden verbessert werden?
10. Wie können gemeinsame Werte und neue Sicherheitsstrategien ethnische Konflikte, Terrorismus und den Einsatz von Massenvernichtungswaffen reduzieren?
11. Wie kann der sich verändernde Status von Frauen zur Verbesserung der Lage der Menschheit beitragen?
12. Wie können grenzüberschreitend organisierte Kriminalitätsnetzwerke daran gehindert werden, immer mächtigere und höher entwickelte globale Unternehmen zu werden?
13. Wie kann der wachsende Energiebedarf sicher und effizient erfüllt werden?
14. Wie können wissenschaftliche und technologische Durchbrüche beschleunigt werden, um die Bedingungen, unter denen Menschen leben, zu verbessern?
15. Wie können ethische Überlegungen routinemäßig in globale Entscheidungen eingebunden werden?

Viele dieser Probleme und Fragen entstehen durch menschliche Aktivitäten, die auf komplexe Art und

Weise mit der Umwelt interagieren. Keines dieser Probleme ist in einem bestimmten, einzelnen Wissenschaftsgebiet wie Physik, Chemie oder Mathematik angesiedelt – daher bedarf es der Zusammenarbeit von umfassend gebildeten Allroundern, Generalisten mit Überblick und Spezialisten aus verschiedensten Fachgebieten, um diese Probleme zu identifizieren und zu lösen. Die Wissenschaft kann oft allein nicht viel ausrichten; es ist die Zusammenarbeit aller gefragt – etwa beim Populationsproblem. Zusammenarbeit ist notwendig, nur gemeinsam können wir unsere größten Herausforderungen erfolgreich angehen.

Leben gibt es auf der Erde seit Milliarden von Jahren, und obwohl es riesige Katastrophen gab, hat es sich im Laufe der Zeit zu einem nachhaltigen, selbsterhaltenden System entwickelt. Eine dieser Katastrophen fand vor 2,4 Milliarden Jahren statt, als Cyanobakterien anfingen, Fotosynthese zu betreiben – das nun in der Atmosphäre frei verfügbare giftige Gas Sauerstoff verursachte das Aussterben von circa 98 % aller damals bekannten Arten.

Die Lösung vor unseren Nasen

In Organismen und Ökosystemen sind Erfahrungen aus Milliarden von Jahren gespeichert. Wir haben demnach Lösungen in Form von Materialien, Strukturen und Prozessen direkt vor unserer Nase. Gute Lösungen, ausgereifte Zugänge – die wir im Rahmen der Biomimetik anwenden können, um so Lösungen für konkrete Probleme zu erhalten. Das ist der holistische Zugang, der mir so am Herzen liegt.

Die Antwort des Lebens auf bestimmte Umweltbedingungen zu verstehen, ist manchmal schwierig. Einfach weil jede Haut, jeder Flügel, jedes Haar eine Antwort auf viele Herausforderungen darstellen kann. Nehmen wir als Beispiel den Flügel eines schönen, bunten Schmetterlings aus dem Regenwald in Malaysia. Seine Farben basieren auf kleinsten Strukturen, die mit dem Licht spielen – dies ist interessant für Optiker, Textileinfärber, Künstler. Das Wasser rinnt am Schmetterlingsflügel so ab, dass es nicht zum Körper kommt, wo es Schimmel und Fäule fördern könnte – dieses Wasserabrinnverhalten ist interessant für Entwickler von Scheibenwischern, für Architekten, für Entwickler von Duschen. Den Schmetterlingsflügel muss man nicht putzen, um ihn sauber zu halten – seine Selbstreinigungsfähigkeiten sind interessant für Menschen, die nicht gern verschmutzte Pfannen schrubben, für Entwickler von Implantaten und Stents, für Kleidung von Höhlenforscherinnen (wie ich eine bin). Und so weiter und so fort – allein, wenn man sich nur einen Schmetterlingsflügel und dessen Multifunktionalität ansieht, erkennt man, wie viel man von einem kleinen

Teil der Natur lernen kann. Ähnlich ist es auch mit den menschlichen Spezialisierungen – Menschen mit unterschiedlicher Ausbildung, mit verschiedenen Blickwinkeln und Erfahrungen, sehen im selben Ding oft völlig Unterschiedliches. Deswegen gehe ich auch so gern mit Menschen aus vielen verschiedenen Disziplinen in den Dschungel – mit Künstlern, Ingenieuren, Architekten, Materialwissenschaftlern und so weiter. Weil sie Blickwinkel aufzeigen, die einem selbst nicht eingefallen wären, und sie dadurch erstens beitragen können, den jeweiligen Organismus besser zu verstehen, und weil sie zweitens selbst Interessantes für das eigene Verständnis der Welt lernen können.

Bunte Menschen in einem bunten Land

Einen Forschungsalltag gibt es bei einem derart komplexen Zugang nicht wirklich. Fast jeder Tag ist spannend und anders. Was ich sehr gern gemacht habe in Malaysia, war, Menschen aus verschiedensten Ländern und Fachgebieten zu mir nach Hause einzuladen. Nach vorn hin schaute das Haus in den Kinrara Hills im Süden von Kuala Lumpur auf die Großstadt, nach hinten hin zum streng gesetzlich geschützten Primärregenwald. Studenten, Forscherinnen und Gäste wohnten einige Zeit bei uns, von wenigen Tagen bis zu mehreren Monaten. Wir diskutierten, fuhren in Nationalparks in Borneo und auf der malaysischen Halbinsel und gingen mit offenen Augen durch den Wald, um von ihm zu lernen. Jeder und jede hatte dabei sein oder ihr kleines oder großes Forschungsprojekt im Hinterkopf und schärfte im Laufe der Zeit den eigenen Blick für etwaige Lösungen aus der Natur.

Einige interessante Proben wurden dann im Labor untersucht, entweder am Institut für Mikroingenieurswissenschaften und Nanoelektronik der Nationalen Universität Malaysia, wo ich arbeitete, oder an der jeweiligen Heimatuniversität meiner Gäste. Und natürlich wurde viel Literatur gelesen, quer durch die Fachgebiete. Da ich schon seit vielen Jahrzehnten in sehr unterschiedlichen Gebieten lehre und forsche, habe ich ein weltweites Netzwerk aus Kollegen und Kolleginnen zur Verfügung, die bei Fachfragen weiterhelfen und dann auch oft an einem weiterführenden Forschungsprojekt beteiligt sind. Ein Beispiel für eine solche Zusammenarbeit ist die Entwicklung eines Masterstempels zum wiederholten Stempeln von Farben. Daran sind Künstlerinnen, Techniker, Biologen und Chemiker beteiligt – sowie wunderschöne Schmetterlinge. Genaueres dazu können Sie ab Seite 128 nachlesen.

5 Vom Hightech-Labor in den Dschungel

Losgegangen mit meiner Begeisterung für den Regenwald und die Tropen ist es im Jahre 2001. Nun, Begeisterung ist nicht ganz das richtige Wort, eher Faszination. In diesem Jahr begab ich mich mit einem Freund auf Kreuzfahrt. Wir flogen nach Barbados, und von dort aus ging es dann nach Trinidad und Tobago, auf die Teufelsinsel und den gesamten Amazonas hinauf bis nach Manaus. Ich erinnere mich daran, wie ich schwitzte in der Hitze und wie die klatschnassen Kleider übel rochen. Allerdings – und das war das erste, das mir in den Tropen auffiel – nur ein paar Tage lang. Danach hatte ich anscheinend alles Übelriechende ausgeschwitzt, denn von da an waren meine Kleider zwar immer wieder klatschnass, aber von üblem Geruch keine Spur mehr. In Trinidad besuchten wir – anders als die anderen Kreuzfahrtteilnehmer, die sich hauptsächlich für das Schwimmen mit Schildkröten entschieden oder einfach einen Tag am Schiff genossen – den Asphaltsee, aus dem bis vor wenigen Jahrzehnten ein Großteil des

Asphalts, der weltweit verwendet wurde, stammte. Wir hatten einen wunderbaren Führer, der uns viel erklärte, und als ich ihn nach der Nahrungskette fragte, mit meinen Füßen im warmen, nur circa 30 Zentimeter tiefen Wasser des Asphaltsees stehend, langsam in der zähen Masse einsinkend, kam die überraschende Antwort: Die Nahrungskette hier ist sehr kurz. Es gibt Bakterien, die sich vom in Gasblasen aufsteigenden Schwefel ernähren, und Fische, die diese Bakterien fressen. Ich war begeistert – so eine fremde, neue Welt.

Auf der Teufelsinsel unternahmen wir eine kurze Wanderung; heiß war es und feucht – derartig hohe Luftfeuchtigkeit hatte ich noch nie erlebt. Ich war nach ein paar Hundert Metern Spaziergang wie erschlagen. In Manaus nahmen wir uns dann einen Hubschrauber und flogen zuerst über das sogenannte *Meeting of the waters*, ein kilometerlanges Stück Fluss, in dem sich das schlammig braune Wasser des Amazonas mit dem schwarzen Wasser des Rio Negro in wunderschönen Mustern vermischt. Und dann ging es zum ersten Mal in meinem Leben tief in den Regenwald. Unser Ziel waren die Ariau Amazon Towers, eine Regenwaldlodge circa 50 Kilometer außerhalb von Manaus.

Es war drückend heiß, feucht und überall waren Spinnen. So kam es mir jedenfalls vor. Wir verbrachten die Nacht in einem Zimmer, und obwohl Insektengitter an den Fenstern waren, sah ich Fledermäuse und

Frösche, alle riesengroß, und bekam es mit der Angst zu tun: Welche Tiere fressen diese Tiere wohl? Wenn sie als Jäger in meinem Zimmer waren, musste es die Krabbeltiere, die sie aßen, auch hier geben. Ich wollte nicht schlafen, in dem Bett mit seinen vier Füßen, obwohl ein Insektennetz da war. Ich verstand nun, warum die Eingeborenen in Hängematten schliefen. Ach, wie es mich rauszog zu ihnen!

Es fiel mir schwer, einzuschlafen, weil der Dschungel in der Nacht sehr, sehr laut ist, viel lauter als am Tag. Ich stand um vier Uhr morgens auf, um die Welt erwachen zu sehen, und begab mich auf den Holzplanken, die die verschiedenen Gebäude der Lodge miteinander verbanden, weit weg von den Haupthäusern. Hier, wo es ein bisschen wilder war, beobachtete ich große Krokodile, Spinnen und Papageien. Was mir besonders imponierte, waren die Häuser in verschiedenen Stadien des Zerfalls. Ich erkannte, wie schnell Holz in diesem Klima verwittert, wie unbeständig menschliche Bauten hier sind, wie schnell sich die Natur vom Menschen okkupierte Bereiche wieder zurückholen kann.

Es gibt viele Videos von meinem ersten Besuch im Regenwald, aber meine Augen sieht man auf keinem, nur den Scheitel. Mein Gesicht war immer auf den Boden gerichtet – so viele Sachen zu beobachten, so vieles Neues zu lernen, so eine magische, andere Welt!

Im Dschungelcamp mit Ingenieuren von Boeing

Es vergingen mehrere Jahre, bis ich wieder in den Dschungel kam, diesmal nicht in Brasilien, sondern in Costa Rica. Und diesmal war ich nicht mit Kreuzfahrern unterwegs, sondern mit Wissenschaftlern von Universitäten und Forschungsinstituten und Forschern von großen Industriebetrieben, als Teilnehmerin am Costa Rica Design Workshop. Kohler, eine US-amerikanische Firma, die auf Wasserhähne spezialisiert ist, hatte zum Beispiel zwei Ingenieure in den Regenwald gesandt, um an Duschköpfen zu arbeiten, die Wasser sparen und gleichzeitig das Gefühl vermitteln, viel Wasser zu verwenden. Sie beobachteten verschiedene Pflanzen und Tiere im Regen. Die zweite Gruppe bestand aus Ingenieuren und einer Ingenieurin von Boeing. Sie waren im Regenwald, um sich für rauschärmere Flugzeuge Inspiration zu holen. Ich schloss mich ihrer Gruppe an, denn Geräusche und Lärm haben mich immer schon fasziniert. Wir betraten eine Zauberwelt. Unter fachkundiger Anleitung tauchten wir in eine Welt ein, die damals ganz neu war für mich und mittlerweile zur Selbstverständlichkeit geworden ist. Begonnen hat alles am ersten Abend, und zwar ganz ohne Augen.

Wir waren gerade in der La Cusinga Lodge in Uvita angekommen, hatten uns in unseren kleinen Häuschen eingerichtet und fanden alle auf der Terrasse zusammen. Dann formierten wir Paare, und jeweils einer Person jeden Paares wurde die Sicht mit einer blickdichten Schlafmaske genommen. Die andere Person gab uns Objekte aus dem Regenwald zum Angreifen, Fühlen mit den Lippen (die viel empfindlicher sind als die Fingerspitzen) und um die Gedanken schweifen zu lassen und zu sinnieren, was wohl mögliche Funktionen des jeweiligen Dings sein mögen. Ist es leicht? Schwer? Duftet es? Oder stinkt es gar? Ist es rau? Einheitlich? Und so weiter ...

In unserer heutigen Zeit verlassen sich die Menschen viel zu sehr auf ihre Augen. Andere Sinne werden weniger oft eingesetzt. Doch wenn man die Augen weglässt, ist man oft kreativer, einfallsreicher und wird mit den Gedanken nicht so sehr in eine Richtung gedrängt. Viele Möglichkeiten bleiben offen und können exploriert werden.

Die nachfolgenden Tage beschäftigten wir uns mit Pferden, Fischschleim, Spinnennetzen, Chamäleonzungen, Vogelköpfen und Zikadenkörperkonturen und wie sie dazu beitragen können, unangenehme Geräusche im Flugzeug zu filtern, umzuleiten, zu verändern und umzuwandeln. Boeing reichte mehrere Patente ein und wir Forscher und Forscherinnen hatten eine wunderbare Zeit. Mein Aufenthalt im Dschungel von Costa Rica und die Erfahrungen mit den Boeing-Mitarbeitern möchte ich nicht missen – es war eine wichtige Stufe auf dem Weg, meine eigene Art der Biomimetik des Regenwaldes zu entwickeln, die stark auf Nachhaltigkeit basiert und das große Ganze im Blickwinkel behält, ohne sich unnötig im Detail zu verlieren.

Lehrreich war dieser erste wissenschaftliche Aufenthalt im Dschungel in viele Richtungen, neben dem »Forschen ohne Augen« ist mir besonders die *i-SITE* in positiver Erinnerung: Jeder und jede von uns wählte einen Platz im Regenwald, der sie oder ihn ansprach. Dieser wurde zu verschiedenen Uhrzeiten und Wetterkonditionen besucht. Mein Platz war ein schimmliger heißer Winkel bei einer Stachelpalme, voll mit Spinnen, Insekten, Stacheln und Moder. Wenn ich dort war, saß ich und schaute. Hörte. Spürte. Roch. Nahm die Dschungelwelt um mich wahr, in ihrer Veränderlichkeit, in ihrer Entwicklung und in ihren Antworten auf äußere Gegebenheiten. Ich denke, dieses kleine Stück Wald lehrte mich mehr als so manches Lehrbuch.

Eigenheiten des Regenwaldes in Malaysia

Sowohl am Amazonas als auch in Costa Rica ist der Primärregenwald sehr dicht und am Boden ist es viel dunkler als draußen. Das Wort Primärregenwald bezieht sich darauf, dass der Wald noch nie gerodet wurde – derartige Wälder bezeichnet man auch als jungfräuliche Regenwälder. Man merkt sofort, wenn einer der Urwaldriesen umgefallen ist und sich durch das entstandene Loch im Blätterdach andere Umgebungsverhältnisse ergeben, mit neuen Pflanzengemeinschaften. Primär- und Sekundärwald unterscheiden sich maßgeblich und viele Tiere und Pflanzen leben nur in niemals gerodeten Gebieten. Das Wort Sekundärwald bezeichnet einen Wald, der nach einer oder mehrmaliger Rodung des Primärregenwaldes nachgewachsen ist. Meist ist in ihm die Artenvielfalt geringer, er ist weniger dicht und wirkt auf mich irgendwie falsch. Wohingegen ich mich im Primärwald sofort pudelwohl fühle.

Als ich nach Malaysia kam, war ich zuerst enttäuscht. Der Wald, obwohl Primärwald, war bei Weitem nicht so dicht, wie ich es gewohnt war. Es gab keine großen Spinnen oder giftige Schlangen, und irgendwie fehlte mir die Magie.

Die Magie des malaysischen Regenwaldes, auf der malaysischen Halbinsel und auf Borneo, erschließt sich erst mit der Zeit und unter fachkundiger Anleitung von Einheimischen und Eingeborenen. Ich habe mich lange Zeit gefragt, was wohl der Grund dafür sein mag, und eine meiner Erklärungen ist das Internet- und Telefonnetzwerk. Bei meinen Besuchen in Brasilien und Costa Rica hatte ich noch kein Mobiltelefon. In Malaysia geht nichts ohne. Fast überall hat man Empfang, ist mit der digitalen Welt verbunden, der bunten, schrillen Welt, in der man sich in Bruchteilen von Sekunden einen Elefanten auf den Bildschirm zaubern kann. Vor dieser lauten, unmittelbaren, schillernden, schönen, einem alles gebenden Welt tritt der Dschungel in den Hintergrund. Er ist leise, unaufdringlich und nur mit Zeit und Muße zu erschließen. Meine bevorzugten Gebiete in Malaysia sind schließlich Dschungelgebiete geworden, in denen es weder Telefonempfang gibt noch Internet. Ulu Muda im Norden der Halbinsel zum Beispiel oder das Maliau-Becken auf Borneo. Mittlerweile liebe ich den malaysischen Regenwald mit seinen Tapiren, Rhinozerossen und Zwergelefanten, seinen blau irisierenden Blättern und Blüten, seinen thermophilen Bakterien in den heißen Quellen und den Vögeln, von ganz, ganz klein bis riesengroß. Und dieser Wald hat mich im Laufe der sieben Jahre, die ich hier lebte, einiges gelehrt.

Der Zauber der Nebelwälder

Meine Lieblingsregenwälder sind Nebelwälder. Hoch oben, kühl, mit Flechten und Moosen und tropfenden Bäumen, die Luft gesättigt mit Feuchtigkeit. Drei solcher Wälder durfte ich bisher erleben, einen in Costa Rica, einen auf Borneo und einen auf der malaysischen Halbinsel. In Costa Rica fuhren wir mit dem Bus rauf ins Hochland. Ich saß weit vorn und konnte den Eingang, die »magische Pforte« vor mir sehen: eine Nebelwand. Dahinter war die Sichtbarkeit fast auf null reduziert. Langsam schlichen wir zur Blockhütte, die unser Stützpunkt werden sollte. Bei der ersten Expedition im Wald fielen mir die trüben, gedämpften Farben auf. Grau, braun, schwarz, grün. Und dazwischen flogen leuchtend rote Edelsteine umher – Kolibris. Behände kleine Vögel, strahlend und metallisch rot das Gefieder. Wie ein Geschenk! Es war kalt, und unser Dschungelführer erzählte uns, dass in der Nacht die Temperaturen noch weiter runtergehen können. Die Vögel verfallen dann in eine Art Starre und aktivieren Antifrostmittel in ihrem Blut. Ich setzte mich auf den warmen Boden und berührte die Moospolster. Das war ein schönes gelbes Moos. Ich fuhr mit den Fingern hinein und wunderte mich – es war warm im Moos! Wie eines dieser kleinen Heizkissen, die man sich an besonders kalten Tagen in die Manteltasche stecken kann. Wow, dachte ich, Moos, das Wärme erzeugt! Ich zeigte den Fund meinen Mitteilnehmerinnen und wir begannen, Ideen zu spinnen, wie man mit Pflanzen Wärme erzeugen könnte, ohne sie zu verbrennen. Als ich dann wieder in der Zivilisation war, erfuhr ich von einigen Pflanzen, die auf chemische Art Hitze erzeugen können. Ein eindrucksvolles Beispiel ist eine Pflanze, die sich in kühler Nacht bis auf 40 Grad Celsius erwärmen und so wärmesensitive Bestäuber anlocken kann.

Besonders interessant ist das Gefühl, von dem fast alle Teilnehmer und Teilnehmerinnen einer längeren Dschungelexpedition berichten, wenn sie nach Tagen im Wald mit nur wenig Ausrüstung und keinen Belästigungen von der Konsumgesellschaft in die Zivilisation zurückkommen: Bei einem Besuch im Supermarkt, im Einkaufszentrum, ja selbst im kleinen Minimarkt ums Eck, der »nur das Nötigste« anbietet, erscheint eine Vielzahl der Waren überflüssig: Zu viel wird produziert, zu groß ist die Auswahl, und besonders Einwegverpackungen, die nach Gebrauch des Produktes meistens gedankenlos weggeworfen werden, erscheinen unnötig und sogar gefährlich. Wir halten uns im Wald an die goldene Regel: »Hinterlasse nichts außer Fußabdrücken, und nimm nichts mit außer Fotografien«. Jeder nicht biologische Müll, jede Verpackung wird wieder nach draußen gebracht, und zwar in die »richtige« Zivilisation, nicht nur bis zum Besucherzentrum des jeweiligen Nationalparks, weil der Müll dort meistens einfach am Gelände verbrannt und nicht fachgerecht entsorgt wird.

Die Regenwälder in Brasilien, Costa Rica und Malaysia haben meinen Forschungszugang mitgeschrieben. Bei Besuchen in den Wäldern von Neuseeland, Indien, Thailand, Kuba und in Steyr in Oberösterreich fanden diese Lehren Anwendung und wurden weitergegeben an Menschen aus Wissenschaft, Kunst, Kultur und Wirtschaft. Ja, Sie haben richtig gelesen: Steyr in Oberösterreich. Seit 2013 lehre ich jedes Jahr an der KinderUni Steyr und begebe mich nach einem Vortrag über Malaysia, seine Menschen, Pflanzen, Tiere und was wir von ihnen lernen können, mit 15 bis 20 Kindern im Alter von sieben bis elf in die Wildnis der Steyrer Au – auf eine simulierte Dschungelexpedition. Der nächste Abschnitt erzählt, was die kleinen Studenten dabei lernen und wie.

Hühner mit Federn

Ich fühle mich zu Hause, sobald ich den Wald betrete. Und ich kann dieses Gefühl an Freundinnen und Freunde, Studentinnen und Studenten und Kolleginnen und Kollegen weitervermitteln. Seit dem Jahr 2013 veranstalte ich biomimetische Dschungelwanderungen mit Kindern und auch Erwachsenen. Dafür ist es nicht notwendig, in Länder zu reisen, in denen Regenwälder vorhanden sind – wie nach Thailand, Indien, Neuseeland oder Malaysia. Ich veranstalte nämlich auch Expeditionen in Ländern, in denen kein Regenwald existiert. In Österreich zum Beispiel. Die Kinder sind immer ganz begeistert und lernen als Allererstes die wichtigste Regel: Jedes Kind, das vorn geht, muss häufig zurückschauen, um zu überprüfen, ob das Kind hinter ihm noch sichtbar ist. Dadurch bleibt die Gruppe zusammen, auch ohne Worte. Gruppen in gefährlichen Lebensräumen auf der ganzen Welt bleiben genau auf diese Art und Weise beieinander, lernen die Kinder von Oliver Futterknecht, meinem österreichischen Physikstudenten. Oliver liebt den Wald so wie ich und er hat ein gutes Händchen für Kinder. Unsere Expeditionen sind immer anders und einzigartig, der Ablauf ist aber immer derselbe.

Wir verlassen die Fachhochschule Steyr nach einem Vortrag über Malaysia, seine Tiere und was wir vom Wald lernen können, und marschieren in kurzer Zeit die 500 Meter zum Bus, der uns auf eine Insel im Fluss in der Steyrer Au führt. Wir sind eine Gruppe von rund 15 Kindern zwischen sieben und elf Jahren, drei junge Erwachsene in ihren Zwanzigern, Oliver und ich. Auch weit entfernt vom tropischen Regenwald finden Kinder viel Inspiration an halbwilden Orten. Die Steyrer Au ist ja nicht gerade der Dschungel Borneos. Sie ist ein Ort inmitten der Zivilisation. Beim allerersten Versuch habe ich an dieser Stelle einen Moment gezögert und gedacht: War das wirklich eine gute Idee? Doch dann fängt uns jedes Mal die lebende Natur ein.

Wir spielen mit Samenkapseln, die explodieren, wenn wir sie berühren. Wir betreten den Wald und finden blaues Holz. Wir sehen Schnecken mit winzigen, hohen Häusern, und ich sage den Kindern, wie erstaunlich es ist, dass die Schnecken ihre Mineralien, ihre Kristalle, unter Umgebungsbedingungen ohne Hitze, ohne Bergbau, nur durch das Verwenden von lokal verfügbaren Materialien herstellen. Wir sehen eine Spinne und ihr Netz, anfangs haben die Kinder Angst. Ich erzähle ihnen, wie sie ihr Netz webt, welches intelligente Back-up-System sie in ihrem Spinnenfaden hat, sodass der Faden nicht zerreißt, selbst wenn ein riesiges Insekt hineinfliegt. Ich erzähle ihnen von einer goldenen Spinne in Madagaskar, deren Netz so stark ist, dass es Radfahrer stoppen kann. Wir finden viele verschiedene leere Schneckenhäuser. Wir sehen verrottende Blätter und wie Pilze aus den toten Blättern wachsen – neues Leben, das von abgestorbenem Pflanzenmaterial ernährt wird. Wir umarmen Bäume, wir betrachten die Adern der Blätter. Staunend bewundern wir Kletterpflanzen, die große Bäume dazu verwenden, um in Richtung der Sonne zu wachsen. Woher weiß eine kleine Kletterpflanze, in welche Richtung sie muss, nach oben nämlich, hin zum Licht? Wie stellt sie fest, wo oben ist und wo unten? Wir riechen am Boden und reden über Schleimpilze, wir berühren Federn und realisieren ganz bewusst, um wie viel empfindlicher die Lippen sind als die Finger. Wir denken, wie beeindruckend es ist, dass Pflanzen das Gas »fressen«, das wir ausatmen, und dass wir einatmen, was Pflanzen ausstoßen. Wir liegen auf dem Boden und beobachten die Ameisen, die mit ihren Antennen kommunizieren, und wir denken über ihre unsichtbare Kommunikation über Düfte nach, so erhaben, anders und in so geringer Konzentration, dass wir sie nicht riechen können. Wir klettern auf Bäume. Wir sammeln schöne Dinge (aber wir schaden nichts, das lebendig ist) und wir bewahren sie in den Behältern auf, die jeder und jede von uns dabei hat – für die nachfolgende wissenschaftliche Untersuchung im Labor.

Die Zeit fliegt nur so dahin, und die Eindrücke sind tief und weitreichend. Schnell sind die zwei Stunden im Wald vorbei. Die Welt auf den 500 Metern, die wir anschließend wieder vom Bus zurückmarschieren, hat sich in den letzten Stunden, seit wir zu unserer Waldexpedition aufgebrochen sind, nicht sehr verändert, aber unsere Wahrnehmung schon – und damit alles! Und das ist wichtig. Wir brauchen lange Zeit für die 500 Meter Wegstrecke, da nun alles spannend und interessant ist, die Maserung des Steins am Boden, die Blüte und ihr Duft, die Rankepflanze, die Mücke. Zurück in der Fachhochschule warten Mikroskope auf uns und wir untersuchen bei hoher Auflösung das, was wir gesammelt haben.

Ich freue mich jedes Jahr auf die KinderUni Steyr und darauf, mit den Kleinen in eine magische und doch so bekannte Welt einzutauchen. Durch diese Waldexpeditionen bleibt ihre Neugierde auf die sie umgebende Natur erhalten, und sie laufen weniger Gefahr, all ihre

Nachmittage vor dem Computer im Zimmer zu verbringen, entkoppelt vom Leben da draußen.

Vor allem Kinder aus der Stadt zeigen ein verändertes Verhältnis zur belebten Natur, das mich sehr beschäftigt. Als vor einiger Zeit Kinder aus Singapur in Malaysia zu Gast waren und wir eine Farm besuchten, deuteten die Kinder auf die Hühnerherde und riefen ganz aufgeregt: »Hühner mit Federn! Hühner mit Federn!« Zum ersten Mal in ihrem Leben hatten sie Hühner mit Federn gesehen. Sie waren nur blutleere, federlose, gesichtslose Hühner aus dem Supermarkt gewöhnt.

Viele Kinder, ganz besonders solche aus der Stadt, zeigen heute eine Störung, die in der Literatur als Natur-Defizit-Syndrom (nach Richard Louv) bekannt ist. Dieses Phänomen bezeichnet eine zunehmende Entfremdung von der belebten Natur: die Nichtkenntnis und das Nicht-mehr-Erleben natürlicher Rhythmen und Erscheinungen sowie die sich aus dieser Entfremdung ergebenden Folgen, vor allem für Kinder und Jugendliche und deren Entwicklung, aber auch für Erwachsene und die Gesellschaft. Es ist wichtig, von dieser Störung zu wissen, und wir müssen dieses Problem adressieren. Das kann so leicht geschehen, und es macht Kinder so glücklich. Nehmen Sie sie mit auf einen Spaziergang, nach draußen in die Natur. Es muss kein Regenwald oder Wald sein, es reicht schon ein winzig kleiner wilder Ort, sogar mitten in der Stadt. Und dann lassen Sie sie riechen, hören, berühren, schmecken, fühlen, sehen. Der »Dschungel« ist überall. Und Respekt für das Ganze beginnt mit der Wertschätzung des Kleinen.

6 Bodenreinigung und Bergbau mit Pflanzen

Ich bin der Meinung, dass unsere gegenwärtige Gesellschaft nicht Eigentümerin des Weltalls, der Erde und der Natur ist, die frei darüber verfügen kann, sondern dass sie Verantwortung für die zukünftigen Generationen mitträgt. In diesem Sinne ist ein pfleglicher Umgang mit unserer Umwelt nicht nur sinnvoll, sondern auch Pflicht. Es ist daher ein Gebot, unsere ganzen Technologien durch umweltfreundliche, nachhaltige zu ersetzen, und so eine Welt zu schaffen, in der ohne große Abstriche in der Lebensqualität (aber eventuell teurer und langsamer) die zukünftigen Generationen und die Umwelt durch unsere Aktivitäten nicht negativ beeinflusst werden. Derartige neue Zugänge müssen jedoch überlegt sein. Die Natur kann uns hier viel lehren, und zwar in den wichtigen Aspekten der Materialien, Strukturen und Prozesse, die wir anwenden. Die nachfolgenden Kapitel beschäftigen sich nun mit meinen Forschungen in all diesen drei Richtungen. Ziel ist nichts anderes als eine Art und Weise, Dinge zu produzieren, die dem

Menschen und der Umwelt nicht schadet. Dafür möchte ich mit meinen Arbeiten einen Grundstein legen.

Aufnahmerituale und Maoriküsse

Bei manchen meiner vielfältigen Forschungsgebiete werde ich nie vergessen, wie mein Interesse daran geweckt wurde. Meine Begeisterung für Bergbau mit Pflanzen begann im April 2013 bei einer Expedition in einen der letzten verbliebenen urtümlichen Regenwälder in Neuseeland. 2010 hatte ich in Kuala Lumpur Peter Goldsbury aus Neuseeland kennengelernt. Wir verstanden uns auf Anhieb und beschlossen, einmal eine gemeinsame Expedition in Neuseeland zu veranstalten. 2013 war es dann so weit. Ich flog nach Auckland und wir begaben uns in den Regenwald von Whirinaki auf der Nordinsel. Peter ist dort sehr aktiv damit beschäftigt, Maorikindern Wissenschaft und Ökologie nahezubringen, und ihre Chancen auf eine bessere Zukunft zu erhöhen, indem sie die Dynamiken ihrer natürlichen Umgebung analysieren, verstehen und vermitteln können. Doch bevor ich den dortigen Regenwald mit Maorikindern, Ältesten und Schamanen betreten durfte, gab es ein Aufnahmeritual. Auf der *Marae*, einem heiligen Platz, der für religiöse und soziale Aktivitäten verwendet wird, teilten wir uns in zwei Gruppen auf: die Einheimischen und die Neuankömmlinge.

Es folgte ein langes, schönes Ritual voll mit fremdartigen Gesängen und Gebeten, damit wurde ich mitsamt allen meinen Vorfahren in die lokale Maorigemeinschaft aufgenommen. Als Krönung überreichte mir der Älteste ein Geschenk, ein *Pounamu* aus graugrüner, regionaler Jade, geschnitzt von einem Meister seines Faches, und gab mir meinen ersten Maorikuss. Dabei berührt man Stirn mit Stirn und Nasenoberseite mit Nasenoberseite und blickt sich tief in die Augen. Und ab dann darf man alle Maorifreunde auf diese Art und Weise begrüßen! Mein *Pounamu* stellt zwei Vogelköpfe im Profil dar, die sich anblicken und die durch eine Art Schiff miteinander verbunden sind. Peter hat es von einem erfahrenen Schnitzer herstellen lassen, nachdem er ihm meine Lebensgeschichte und von meinen Forschungen erzählt hat. Das Symbol verkörpert für mich die verschiedenen Welten, die ich mit meinen Arbeiten und auch privat überbrücke: Ingenieurswissenschaften und Biologie, Grundlagenwissenschaft und angewandte Forschung, Europa und Asien, Wissenschaft und Kunst.

Wir verbrachten eine Nacht im Gemeinschaftsraum neben dem Marterpfahl, in Schlafsäcken auf weichen Matten, unter großformatigen Schwarz-Weiß-Bildern der Vorfahren, jedes Bild mit einem Erinnerungsstück der Verstorbenen dekoriert: ein Umhang, eine Pfeife, eine Flöte. Am nächsten Tag war es so weit: Wir betraten den Regenwald durch eine Pforte. Vor dem Durchgehen erbat unser Dschungelführer die Gnade von Tāne, der Göttin des Waldes und der Vögel. Wir begaben uns in eine fremdartige Welt voller riesiger Baumfarne, Kauri-Bäume und Vögel.

Wir waren mit Maorikindern im Wald, und die Kleinen zeigten uns schnell, wie heimisch sie sich dort fühlten, denn bis vor kurzem lebten die Maori im und vom Regenwald. Als die Briten kamen, halfen ihnen die Maori beim Abholzen der wertvollen Kauri-Bäume – sie geben wunderschön goldgelbes, sehr hartes Holz, das hauptsächlich für Fußböden verwendet und mit der Zeit immer schöner wird. Bloß den Platz um den Whirinaki-Regenwald ließen sie nie roden, verteidigten ihn mit allem, was sie hatten: Er ist Tānes Heimat, dort wohnt die Waldgöttin, dort werden keine Kauri-Bäume abgeholzt. Und deswegen können wir auch heute noch den ursprünglichen Regenwald dieser Region genießen. Obwohl natürlich auch dort Säugetiere vorhanden sind, die von den Briten gebracht wurden: Ratten, Hirsche, Wildschweine, Possums leben nun dort, wo einst nur Vögel, Pflanzen, Mikroorganismen, Menschen und Insekten ihr Heim hatten. Bei unserer Expedition waren Leute aus Wirtschaft und Wissenschaft, aus Kunst und Kultur, aus der Tourismusbranche und dem Projektmanagement vertreten, und fast alle Maorifamilien inklusive ihrer Kinder, die mich am Vortag so freundlich in ihre Gemeinschaft aufgenommen hatten.

Viele der erwachsenen Maoris sind mit Dioxin vergiftet. Das Mittel wurde intensiv in der Holzindustrie verwendet, in der sie arbeiteten, verseuchte viele Böden, und fast jeder meiner neuen eingeborenen Freunde kannte seinen oder ihren Wert, mit dem der Körper belastet war – manche erschreckend hoch, weit über der Unbedenklichkeitsgrenze. In unserem wissenschaftlichen Team sprachen wir über das Gift im Boden und über Möglichkeiten, es zu entfernen. Ich hörte das erste Mal Genaueres über Bioremediation, also über die Verwendung von Organismen oder organischem Material, um verseuchte Böden oder Abwässer zu reinigen. Und ich erfuhr von Dioxin abbauenden Mikroorganismen und solchen, die man dazu verwendet, giftige Schwermetalle aus Böden zu entfernen. Damals war dieses Konzept noch neu für mich, und ich war eher dagegen als dafür, weil ich dachte, derartige Aktivitäten seien für die Mikroben nachteilig.

Wie groß wurden meine Augen dann viele Jahre später, als ich mit meinen malaysischen Dissertantinnen für einen wissenschaftlichen Artikel in diesem Bereich recherchierte. Gewisse Bakterien gewinnen Stoffwechselenergie, indem sie Dioxin und auch Metallverbindungen chemisch verändern. Dabei entfernen sie die giftigen Stoffe, indem sie sie in weniger giftige umwandeln, ganz ohne daran Schaden zu nehmen. Aber das ist noch nicht alles. »Bergbau mit

Pflanzen« stand da. Der Artikel eröffnete mir eine neue Welt.

Wie Pflanzen Schadstoffe aus dem Boden ziehen

Mögen Sie Sonnenblumen? Sie erfreuen unser Herz mit ihren wunderbar gelben Blüten, und sie liefern energiereiche Samen, die wir zu Öl pressen können. Aber das ist noch nicht alles. Haben Sie schon einmal Sonnenblumenblütenblätter gekostet? Sie schmecken abstoßend metallisch. Damit verhindern Sonnenblumen, dass ihre Blätter von Tieren gefressen werden. Aber die Blätter schmecken nicht nur metallisch, sondern beinhalten auch wirklich Metalle – die Sonnenblume zieht nämlich Kupfer, Blei und andere Metalle aus der Erde!

Ähnlich wie die Sonnenblume holen auch viele andere Pflanzen und Mikroorganismen Metalle aus dem Boden. Sie akkumulieren Schwermetalle. In vielen Fällen, ohne dabei Schaden zu nehmen! Manche dieser Pflanzen akkumulieren so viel Metall, dass man, wenn man sie nach der Wachstumsperiode verbrennt, sogenanntes Bioerz gewinnt, aus dem man dann mit chemischen Methoden Metalle extrahieren kann. Derartige Pflanzen nennt man Hyperakkumulatoren. So könnten wir Menschen mit der Hilfe von Sonnenblumen und anderen Organismen Metalle gewinnen, auf eine Art und Weise, die ganz anders ist als die konventionelle, industrielle Metallherstellung. Die Pflanzen gewinnen die Metalle aus den Böden, ohne Schäden anzurichten. Sie reinigen den Boden, sie akkumulieren Metalle und sie bereiten die Erde für nachfolgende Nutzung vor – zum Beispiel durch ganz gewöhnliche Ackerpflanzen.

Die Pflanzen und Mikroorganismen reinigen also belastete Böden von giftigen Schwermetallen, machen sie für nachfolgende Bepflanzung mit Agrarpflanzen urbar (für viele Agrarpflanzen sind Schwermetalle hochgiftig), liefern sogar in manchen Fällen wertvolles Bioerz, und die beim Verbrennen frei werdende Wärmeenergie kann zum Heizen verwendet werden. Diese Pflanzen könnten eine völlig neue, biomimetische Art und Weise inspirieren, wie man beispielsweise mit dünnen Fäden, die Wurzeln imitieren, Metalle aus dem Boden gewinnt. Dadurch wäre man entkoppelt von Orts- und Temperaturansprüchen, die die Pflanzen an ihre Umgebung stellen, und könnte auch in weit tiefere Bereiche vordringen, als es die Wurzeln tun. Von Wurzeln inspirierte Fäden oder Netze könnten Abwässer reinigen, Elektroschrott in sortenreine Metalle aufarbeiten und belastete Böden säubern. Dadurch könnten wir auch wissenschaftlich viel lernen, da noch wenig bekannt ist über die genauen Mechanismen, mit denen die Pflanzen hier Metallmanagement betreiben.

Menschen, Maschinen und Metalle

Derzeit verwenden wir Menschen viele Metalle. Sie sind in den meisten unserer Industrieprodukte enthalten, obwohl sie in vielen Fällen gar nicht notwendig wären. In der belebten Natur werden Metalle viel seltener verwendet, viel öfter findet das Prinzip »Struktur statt Material« Anwendung, und Stützfunktionen sowie andere mechanische Funktionen werden durch smarte, harte, widerstandsfähige biomineralisierte Materialien zur Verfügung gestellt (siehe Kapitel acht).

Eines der Ziele meiner Forschung ist es, der Gesellschaft zähe und widerstandsfähige Materialien zur Verfügung zu stellen, die ohne umweltfeindlich gewonnene Metalle auskommen. Bis dahin ist es aber noch ein langer Weg, gepflastert mit Grundlagenforschung und viel Entwicklungsarbeit im Bereich hierarchischer Materialien. In der Übergangsphase von einer Gesellschaft, die Metalle aus umweltfeindlichem Bergbau verwendet, zu einer, die nur noch vereinzelt Metalle einsetzt (nämlich dort, wo sie wirklich chemisch benötigt werden), könnte Bergbau mit Pflanzen eine sanftere Art sein, an die benötigten Metalle zu gelangen.

Ein weiterer faszinierender Aspekt von Metallen in Pflanzen ist, dass sie in Organismen oft in sehr geordneten, funktionalen Strukturen vorliegen. Es gibt Organismen, die kleinste Kristalle aus Gold herstellen, in perfekter kristalliner Anordnung und wohldefinierter Größe. Meistens werden bei der pflanzlichen Produktion von derartigen metallischen Nanokristallen metallische Salze reduziert, diese sind dann weniger giftig für den Organismus. Der kleine Kristall ist somit, wie auch die Perle bei den Austern, ein Abfallprodukt. Ob und wie diese Nanokristalle im Organismus biologisch wirksam sind und wofür sie verwendet werden, wird derzeit intensiv beforscht. Weil sie nicht nur aus Metall bestehen, sondern auch immer einen gewissen Biomolekülanteil haben, kann man sie auch leichter für medizinische Zwecke verwenden als rein technologisch hergestellte Nanopartikel – sie haben die richtigen »Andockstellen« zu den Zellen.

Beispiele von Metallen, die von Pflanzen akkumuliert werden, sind Cadmium, Kobalt, Blei, Silber, Kupfer und ganz besonders Nickel. Warum genau die Pflanzen das tun, ist noch nicht vollständig erforscht. Es gibt wahrscheinlich mehrere Gründe; einer ist der metallische Geschmack, der für viele Fressfeinde unangenehm ist, ein weiterer ist die so entstehende Möglichkeit, für andere unbrauchbare Gebiete besiedeln zu können. Wenn man die Pflanzen nicht nur dazu verwenden will, Böden zu reinigen, sondern auch dazu, Metalle zu gewinnen, sind drei Parameter von ganz besonderer Bedeutung: die Menge an trockenem Pflanzenmaterial, das man auf einer bestimmten Fläche gewinnen kann, der Prozentanteil von bestimmten Metallen pro Kilogramm getrockneter Pflanzen, und drittens natürlich, in welcher Konzentration das Metall im Boden vorkommt. Pflanzen sind Lebewesen, und ob sie sich wohlfühlen und gut wachsen, hängt von vielen Variablen ab. Der Ort muss stimmen, die Meereshöhe muss stimmen, der Boden muss stimmen. Wenn das alles erfüllt ist, kann man wunderbare Erfolge genießen. Manche Pflanzen enthalten dann einige Prozent ihrer Trockenmasse an Metall. Das heißt, wenn man 100 Kilogramm getrocknetes Pflanzenmaterial verbrennt, dann gewinnt man thermische Energie, die man zum Beispiel zum Heizen verwenden kann, und einige Kilogramm Metall.

Derzeit ist diese Art, Metalle zu fördern, nur eine Nischentechnologie. Weiterentwickelt und biomimetisch umgesetzt, könnte sie aber unsere Art, Metalle zu gewinnen, revolutionieren. Die Mengen, die gefördert werden können, sind nicht mit denen im konventionellen Bergbau zu vergleichen. Doch allein die Tatsache, dass die Wurzeln nur die Oberflächenschichten durchdringen, zeigt, dass Bergbau mit Pflanzen auch anderen Zielen dienen kann und wird: zum Beispiel der Verschönerung von brachliegenden Flächen durch blühende Pflanzen, die dann auch ganz nebenbei den Boden reinigen und urbar machen. Technische Weiterentwicklungen, in denen feine Fasern bis in tiefste Schichten des Bodens reichen und Metalle aufnehmen, könnten dem Abhilfe verschaffen – sind aber derzeit noch Zukunftsmusik. Zum Abbau von Metallen aus Abraumhalden, in denen der Metallgehalt für konventionellen Bergbau zu gering ist, kann man Pflanzen aber schon heute effizient verwenden, und natürlich auch zum Reinigen von schwermetallverseuchten Abwässern.

Selbstverständlich sollte man versuchen, derart giftige Abwässer und verseuchte Böden von vornherein zu vermeiden. Wenn die Böden aber schon verseucht sind, etwa in der Stadt, ist es eine wunderbare Anwendungsmethode, dort die entsprechenden Pflanzen wachsen zu lassen, die eine ganz normale Wachstumsperiode durchmachen. Am Ende ihres Lebenszyklus verbrennt man sie und gewinnt das Metall. Man gibt den Pflanzen, was sie mögen, und man bekommt von den Pflanzen, was sie geben können. Es ist ein Geben und Nehmen, kein Ausnützen.

Natürliche Goldgräber

Pflanzen und Mikroorganismen können uns nicht nur lehren, eine biomimetische, völlig neue Art zu entwickeln, Metalle zu gewinnen. Manche Pflanzen, Mikroorganismen und Pflanzenabfälle, zum Beispiel Mangoschalen, können noch etwas: Sie induzieren die Produktion von metallischen Nanopartikeln, die immer ungefähr dieselbe Größe und Form haben. Wir Menschen können zwar auch Nanopartikel herstellen, aber wenn wir eine bestimmte Größe wollen, etwa genau 50 bis 51 Nanometer Durchmesser, oder eine bestimmte Form, dann wird die Methode, die wir verwenden, immer teurer. Der Preis für ein Gramm Gold liegt bei ungefähr 40 US-Dollar, der Preis für ein Gramm Goldnanopartikel bei ungefähr 400 US-Dollar – das sind aber ganz normale Nanopartikel mit einer relativ weiten Bandbreite der Größe. Je spezieller der Anwendungsbereich ist und je spezieller diese Nanopartikel geformt sein müssen, desto teurer wird die Herstellung.

Bei Nanopartikeln ist es wichtig, dass sie eine reproduzierbare Größe und Form haben. Ein bisschen größer oder ein bisschen kleiner bedeutet zum Beispiel eine andere Farbe, und eine andere Form bedeutet eine andere Funktionalität. Nanopartikel werden in medizinischen Anwendungen genutzt, für Oberflächenbeschichtungen oder, um Schmiermittel zu verbessern, sie können wasser- oder Schmutz abweisend sein. Um gezielt Tumore und Krankheiten zu bekämpfen, braucht man zum Beispiel Nanopartikel in genau definierter Form und Größe – deswegen ist es so wichtig, dass sie reproduzierbar hergestellt werden können und keine beliebige Mischung aus großen und kleinen, eckigen und runden, langen und kurzen Formen darstellen.

Als wir Anfang 2015 unseren wissenschaftlichen Artikel zur biomimetischen Materialsynthese aus Abwässern von der Schwermetallindustrie durch die Methoden der Bioremediation und dem Bergbau mit Pflanzen veröffentlichten, verfasste Emily Chow vom großen malaysischen Wirtschaftsmagazin The Edge einen Artikel, in dem unsere Zugänge und die von Professor Anderson aus Neuseeland, der sich unter anderem mit Goldbergbau mit Pflanzen beschäftigt, vorgestellt wurden. Dies war eine sehr wichtige Publikation. Es ist nämlich nicht nur wichtig, viele Menschen zu erreichen, sondern die richtigen Menschen zu erreichen. Menschen aus der Wirtschaft haben Einfluss und wichtige Verbindungen. Sie könnten ein Motor sein für die Weiterentwicklung derartiger umweltfreundlicher Methoden, die derzeit noch in den Kinderschuhen stecken. Allein die Tatsache, dass sie von Pflanzen lesen, die ihnen zu Gold und wertvollen Mineralien verhelfen können, verändert potenziell ihren Blickwinkel: von etwas, das einfach rumsteht oder als Ackerpflanze genutzt wird, zu etwas, das aktiv in ihr Leben integriert ist und das ihren Blick auf die belebte Natur nachhaltig beeinflussen kann. Ich habe immer versucht, mit meiner Wissenschaft Brücken zu Wirtschaft und Entwicklung zu schlagen, da meiner Meinung nach nur so positive Auswirkungen auf die Gesellschaft erzielt werden können. Ich halte es für wichtig, unsere Sichtweise auf Pflanzen und Mikroorganismen generell zu verändern – von etwas, das wir benutzen, zu etwas, das wir respektieren.

Traditionell sind Metalle in den Ingenieurswissenschaften sehr wichtig. In lebenden Organismen ist dies nicht der Fall. Organismen benützen Metalle nur in Fällen, wo sie chemisch notwendig sind, und in biomineralisierten Strukturen. Chemisch notwendig sind Metalle beispielsweise in Pflanzen als zentrales Atom im Chlorophyll (wichtig in der Photosynthese) und bei Tieren als zentrales Atom im Hämoglobin im Blut. Mechanische Stabilität, Stützstrukturen und weitere funktionelle Eigenschaften werden in vielen Organismen eher durch hochgradig funktionale Strukturen aus benignen Materialien zur Verfügung gestellt als durch Metalle – denken Sie nur an die eindrucksvollen Urwaldriesen im tropischen Regenwald, die Kauri-Bäume in Neuseeland, und die Mammutbäume, die einen Umfang von Dutzenden Metern haben können, Tausende von Jahren alt werden, und fast 100 Meter Höhe erreichen. Holz ist ein faszinierendes, hierarchisch strukturiertes Material mit mechanischen Eigenschaften, die immer noch außergewöhnlich sind, selbst wenn man sie mit den modernsten technischen Materialien vergleicht – besonders, wenn man eine Systemanalyse macht, und die gesamte Produktionskette, ihre Umweltverträglichkeit und deren Kosten miteinbezieht.

Bis wir mit unseren technischen Materialien derartiges Können erreichen, werden wir weiterhin Metalle verwenden. Aber es könnte eben nicht mehr länger notwendig sein, die Metalle, die wir verwenden, auf umweltschädliche Art und Weise zu gewinnen. Verschiedenste Pflanzen gewinnen Metalle mit ihren Wurzeln aus dem Boden und aus Gewässern und akkumulieren sie in ihren Körpern. Diese Art der Metallgewinnung findet unter Umgebungsbedingungen (normale Temperatur, normaler Druck) statt, unter (fast) vollständiger Abfallvermeidung, und sie hat keine negativen sondern positive Auswirkungen auf die Biosphäre (davon mal abgesehen, dass sich einige Pflanzenfresser anderes Futter suchen müssen). Wenn wir von den Pflanzen lernen, wie sie das machen, könnte das die Art unserer Metallgewinnung revolutionieren. Für die Zukunft jedoch sollte ein fast vollständiger Ersatz von Metallen durch funktionale, metallfreie Strukturen das Ziel sein.

Es gibt einige ganz besondere Pflanzen und Mikroorganismen, die Metalle akkumulieren und hyperakkumulieren, die also so viel Metall ansammeln können, dass der jeweilige Schwellwert sogar überschritten wird.

Metall verarbeitende Pflanzen, Bakterien, Pilze, Hefen und Algen

Es sind Hunderte von Pflanzenarten bekannt, die Metalle hyperakkumulieren können. Der Großteil davon, etwa drei Viertel, sind Nickel-Hyperakkumulatoren. Steinkraut kann zum Beispiel über 20 Gramm Nickel pro Kilogramm in seinen Blättern ansammeln, man kann so auf einer Fläche von 1000 Quadratmetern 200 Kilogramm Nickel jährlich »ernten«!

Das Gebirgs-Hellerkraut bringt es auf eine Konzentration von 3000 Milligramm Cadmium pro Kilogramm Pflanzentrockenmasse – aus einer Tonne getrocknetem Kraut erhält man somit drei Kilogramm Cadmium!

Es gibt sogar Pflanzen, die Gold hyperakkumulieren. Allerdings ist im Falle von Gold die Sache nicht so einfach, da dieses Edelmetall erst mit der Hilfe von giftigen Chemikalien, wie sie auch in der konventionellen Goldgewinnung eingesetzt werden, hyperakkumuliert werden kann – diese Art der Goldgewinnung mit Pflanzen nennt man induzierte Hyperakkumulation. Es gibt aber eventuell die Möglichkeit, gleichzeitig mit den Goldhyperakkumulatoren Sojapflanzen wachsen zu lassen, die die benötigten Zyanide natürlich ausscheiden – hier ist allerdings noch viel Forschungsarbeit notwendig. Schon jetzt könnte man aber mit dem Braunen Senf auf geeignetem, goldhaltigem Boden eine Biomasse von 20 000 Kilogramm pro Hektar und Jahr erreichen, und damit 200 Gramm Gold gewinnen – mit dem aktuellen Goldpreis wären das doch an die 7.000 Euro auf einer Fläche von 100 mal 100 Metern.

Nicht nur ganze Pflanzen, sondern auch Pflanzenextrakte und Pflanzensäfte können dazu verwendet werden, metallische und metallbasierte Nanopartikel von definierter Größe herzustellen. Man vermischt den Pflanzensaft mit einer chemischen Lösung, die Metallionen enthält, wartet einige Zeit und erhält Nanopartikel! Als Beispiele seien Olivenblätter genannt, deren Extrakt mit Silberlösungen Silber-Nanopartikel generiert, und Betelnussblätter, die mit Goldlösungen Gold-Nanopartikel liefern. Silber-Nanopartikel können beispielsweise als Katalysatoren in der elektrochemischen Umwandlung von Kohlendioxid verwendet werden, zur CO_2-Emissionsreduzierung und auch zur Gewinnung von erneuerbaren Treibstoffen und Chemikalien.

Das Fruchtfleisch der Gemeinen Rübe induziert, vermischt mit Goldlösung, die Bildung von Gold-Nanoröhrchen und Gold-Nanostäben. Was für eine Verwendung für die Gemeine Rübe – in der Hightech-Nanotechnologie zur Herstellung von Komponenten, die normalerweise zeit- und kostenintensiv ist. *Candida albicans*, der überhaupt nicht geliebte Pilz, der schmerzende Infektionen im Genitalbereich verursachen kann, biosynthetisiert Zinkoxid-Nanopartikel. Diese zeigen Antikorrosionseigenschaften, wirken gegen Pilze und können UV-Licht filtern.

Auch verschiedene Algen und Hefen biosynthetisieren interessante metallische und Metallverbindungs-Nanopartikel. In laufenden Forschungsprojekten wird versucht zu verstehen, wie die Kontrolle von Form und Größe sowie die synthetisierten Materialien genetisch determiniert werden, und auch, wie man die Nanopartikel für weitere Verwendung, zum Beispiel in der nanotechnologischen Forschung, extrahieren kann – Biosynthese durch Organismen ist in vielen Fällen nicht nur kostensparender, sondern auch schneller, umweltfreundlicher und von höherer Reproduzierbarkeit als technisch produzierte Gegenstücke. Und wie im Kapitel über magnetotaktische Bakterien erklärt, können manche Kristallstrukturen nur via Biomineralisation mithilfe von Proteinen hergestellt werden – in der konventionellen Synthese und in der unbelebten Natur kommen sie nicht vor.

All diese Beispiele können uns lehren, eine Methode zu entwickeln, wie man umweltfreundlich und ohne große Erdbewegungen Böden von Schwermetallen reinigen und Metalle gewinnen kann. Organismen, die in verschiedenen Lebensumgebungen wachsen, haben unterschiedliche Methoden entwickelt. Für die biomimetische Entwicklung einer allgemein einsetzbaren

Methode, zum Beispiel basierend auf Mikro- oder Nanofäden, ist es von Vorteil, alle Möglichkeiten, die in der belebten Natur existieren, zu kennen – um ein besonders gutes, nachhaltiges System aufbauen zu können, das der Biosphäre nicht schadet, und uns dennoch mit den Ressourcen versorgt, die wir benötigen.

7 Die bunte und faszinierende Welt der Strukturfarben

Manchmal betritt man wie durch ein Wunder eine neue Welt.

»Sie sehen aus wie Christbäume!« – das war der Satz, mit dem Dr. Manfred Drack, theoretischer Biologe mit Maschinenbau-Ausbildung, mir die Strukturfarben eröffnete. Eine schnelle Internetsuche zeigte mir organische Kristallbäumchen, so klein, dass das freie Auge sie nicht wahrnehmen kann. Die erste Erkenntnis war: Wow – durch Strukturen kann man Farben machen. Die physikalische Verbindung zu Seifenblasen und Ölfilm am Wasser, zu Rosenkäfern und dem Regenbogen hatte ich schnell hergestellt – auch hier gibt es Strukturfarben. Und dann, viele Jahre später, waren diese Strukturfarben auch der Grund, dass meine Freunde von der malaysischen Naturfreundeorganisation dachten, ich sei im Dschungel verschollen.

Es war in den ersten Monaten unserer Zeit in Malaysia. Mein Mann und ich hatten uns für eine Tagesexkursion eingetragen: Einmal im Jahr öffnet Dato Henry

Barlow, Autor mehrerer Bücher, unter anderem eines 18-bändigen Werks über die Motten Borneos, sein Haus und seinen riesigen Garten für naturinteressierte Besucher. Wir fuhren mit unserem kleinen Stadtauto aus Kuala Lumpur hinaus und rauf auf den Berg, bis wir nicht mehr weiterkonnten – das Auto war zu niedrig für die unbefestigte Straße voller Schlaglöcher. Weiter ging es dann also mit Jeeps und Allradfahrzeugen, bis wir hoch oben in den Bergen ankamen. Ein älterer Brite mit hohen Gummistiefeln erwartete uns, führte uns durch sein Reich und erzählte: »Schon damals, vor 30 Jahren, wurde in Malaysia viel abgeholzt. Ich sammelte Stecklinge der seltensten Bäume und pflanzte sie hier im Hochland – nun gibt es hier Dschungelbäume, die so selten sind, dass man sie im restlichen Land mit der Lupe suchen muss.« Er zeigte uns Bäume und wunderschöne Sträucher mit purpurfarbenen Blütenrispen, umflogen von Dutzenden malaysischen Nationalschmetterlingen, *Rajah Brooke's Birdwing*, wie sie auf Englisch heißen. Dann ging es tiefer in den Dschungel, und da war er. Blau leuchtend und wunderschön: Ein Edelfarn, der aussieht, als ob er eine Lampe eingebaut hat. *Sellaginella willdenowii*, der Farn, der die Farbe wechselt, wenn man die Blätter leicht bewegt. Ich war verzaubert. Unsere Gruppe ging weiter, ich blieb beim Farn. Fast eine Stunde lang saß ich dort, bewegte die Blätter, genoss die strahlenden Farben, erfreute mich am Blau, so ungewöhnlich, so magisch schön. Meine Freunde begannen irgendwann, sich Sorgen zu machen, und suchten nach mir. Sie fanden mich tief im Dschungel beim Farn. In einer anderen Welt.

Es gibt verschiedenste Vorteile von Strukturfarben gegenüber pigmentbasierten Farben. Sie bleichen nicht aus und färben nicht ab, wenn man sie wäscht. Die Farbe ist unabhängig vom Material, nur abhängig von der Struktur. Die Strukturen erzeugen nicht nur Farben, sie sind auch multifunktional. Ein Beispiel sind die wunderschönen, blitzblauen Strukturfarben des Morphofalters aus Südamerika. Wenn man im Dschungel von Südamerika unterwegs ist, sieht man hin und wieder ein blaues Aufblitzen mitten im Grün – ein Morpho fliegt vorbei, oft Kilometer entfernt. Das hat mich schon damals, bei der Expedition in Costa Rica, fasziniert. Umsetzungsmöglichkeiten in der Technik kamen mir damals aber noch nicht in den Sinn. Dies sollte sich ändern, als die Kunststudentin Sigrid Zobl meine Dissertantin wurde, doch dazu später mehr.

Was sind Strukturfarben überhaupt?

In einigen Organismen werden irisierende, gräuliche oder metallisch erscheinende Farben nicht durch Pigmente, sondern durch periodische, physische Strukturen erzeugt, die eine Größe von einigen zehn bis einigen Hundert Nanometern aufweisen.

Durch die Interaktion solcher Strukturen mit dem Licht entstehen strahlend helle Farben, die irisieren und / oder metallische Komponenten aufweisen können. Die Farben einer CD zum Beispiel durchlaufen das gesamte Regenbogen-Farbspektrum, wenn man die CD bewegt. Manche Strukturfarben in Organismen sind zusätzlich vertikal strukturiert und engen somit den Farbwechsel mit dem Beobachtungswinkel ein – auf diese Art und Weise entstehen die blitzblauen Farben des Morphofalters, die nur unter extremen Beobachtungswinkeln und hoher Lichtintensität zu anderen Farben wechseln.

Chemische Farben sind im Gegensatz dazu ganz anders: Bei ihnen wird das Licht selektiv an bzw. durch die Farbstoffmoleküle reflektiert, durchgelassen und absorbiert. Pigmente reflektieren die Wellenlängenbereiche des Lichts, die die Farbe ergeben, und absorbieren die anderen Wellenlängen. Im Pigment Ultramarinblau zum Beispiel wird Blau reflektiert, die anderen Farben werden absorbiert. In den Pigmenten absorbierte Energie wird schlussendlich als Wärme oder Licht wieder abgegeben.

In Strukturfarben jedoch wird das Licht reflektiert, gestreut und auf weitere Strukturen umgelenkt, mit vernachlässigbarem Energieaustausch zwischen dem

Material und dem Licht. Deswegen erhält man so teilweise strahlend helle, starke Farben, viel heller und strahlender als Pigmentfarben.

Die Vorteile von Strukturfarben gegenüber Pigmentfarben sind aber nicht nur hellere, strahlendere Farben, sondern auch die Unabhängigkeit von potenziell teuren, biologischen Pigmenten (bei Strukturfarben geht es eben nur um die Struktur, nicht um das Material – deswegen können billige Baustoffe verwendet werden) und die einfache Möglichkeit, neben der Farbe weitere Funktionalitäten in derselben Nanostruktur zu realisieren, wie zum Beispiel wasserabstoßende oder temperaturregulierte Oberflächen.

Die Physik der Strukturfarben

Fünf verschiedene physikalische Phänomene verursachen Strukturfarben: Dünnschichtinterferenz, Vielschichtinterferenz, Beugung, Streuung und photonische Kristalle.

Dünnschichtinterferenz tritt auf, wenn Licht teilweise an der Ober- und an der Unterseite eines dünnen Films, der sich in einem Medium mit einem anderen Brechungsindex befindet, reflektiert wird und interferiert. Ein Beispiel hierfür ist die Entstehung der Farben einer Seifenblase – das Licht wird an der Ober- und an der Unterseite des dünnen Seifenfilms reflektiert. Die

Farben, die wir wahrnehmen, hängen von der Dicke des Films und vom Beobachtungswinkel ab – wenn wir den Kopf ein wenig drehen, während wir eine Seifenblase betrachten, ändert sich auch ihre Farbe. Analog dazu ändert sich auch die Farbe, wenn der Seifenfilm immer dünner wird und die Seifenblase schließlich zerplatzt.

Wenn das strukturierte Material nicht nur aus einer Schicht (wie bei der Seifenblase), sondern aus mehreren Schichten verschiedener Brechungsindizes besteht, tritt **Vielschichtinterferenz** auf. Die Brillanz der Farben in diesen Systemen steigt mit der Anzahl der Schichten – je mehr Schichten vorhanden sind, desto reiner und klarer erscheinen also die Farben.

Ein Beispiel für **Lichtbeugung** ist die Beugung am optischen Gitter, zum Beispiel bei einer CD. Optische Gitter besitzen eine Reihe von Spalten mit gleicher Breite in gleichem Abstand zueinander. Sie treten an vielen Blüten auf, allerdings leuchten diese dann meistens in Farben, die für das menschliche Auge unsichtbar sind – von Bienen jedoch wahrgenommen werden können. Auch diese Farben sind abhängig vom Blickwinkel, unter dem man sie betrachtet.

Lichtstreuung ist eine generelle Bezeichnung für die Interferenz von Lichtwellen verschiedener Wellenlängen, die von Streuobjekten reflektiert werden. Regelmäßige Strukturen können das gestreute Licht konstruktiv interferieren lassen (kohärente Streuung) und es entstehen schöne, definierte Farben; ungeordnete Strukturen bewirken inkohärente Streuung und es entsteht Grau oder Weiß. Die Farben, die durch Streuung entstehen, können stark oder schwach sein.

Die zwei Hauptarten der Streuung heißen Rayleigh- und Tyndall-Streuung. Bei beiden Arten hängt die Intensität des gestreuten Lichts von der vierten Potenz seiner Frequenz ab. Blaues Licht hat eine hohe Frequenz und wird deswegen mehr gestreut als rotes Licht mit seiner niedrigen Frequenz. Deswegen haben Magermilch (Streuung an Fettteilchen), Rauch (Streuung an Rußteilchen und anderen Komponenten) und der Himmel eine blaue oder bläuliche Farbe. Auch das Weiß der Wolken entsteht durch Streuung. In Pflanzen kann etwa die blaugraue Farbe der Nadeln der Blautanne durch Streuung erklärt werden. Mehrfachstreuung an periodischen Strukturen führt zu brillanten Farben, wie man sie auch bei irisierenden Früchten findet – die afrikanische Marmorbeere zum Beispiel scheint in allen Farben zu leuchten, wenn man sie in der Hand bewegt.

Photonische Kristalle weisen eine Periodizität im Brechungsindex auf. Der Brechungsindex ist ein physikalischer Parameter, der verwendet wird, um Phänomene in der Optik zu beschreiben. Edelopale sind natürlich vorkommende photonische Kristalle, bei denen sehr leicht ein Zusammenhang zwischen der Physik und dem Preis etabliert werden kann: Bei diesen Edelsteinen bestehen die periodischen Strukturen aus hydratisierten Siliziumoxidkügelchen (Glaskügelchen), die regelmäßig angeordnet sind. Je regelmäßiger diese Anordnung ist, desto mehr Zeit hatte der Edelstein, sich zu bilden, und umso ruhiger waren die Umgebungsbedingungen. Aus der regelmäßigen Anordnung resultieren klare, strahlende Farben. Je größer die Glaskügelchen in der regelmäßigen Anordnung sind, desto mehr Rot erscheint im Stein. Große Glaskügelchen entstehen seltener und haben nicht allzu oft Gelegenheit, sich in regelmäßiger Anordnung zu formieren. Dies ergibt den Unterschied zwischen günstigen, trüben Opalen (kleine Kügelchen, unregelmäßige Anordnung) und wertvollen Edelopalen (große Kügelchen, regelmäßige Anordnung).

Auch in der belebten Natur treten teils wunderschön gefärbte photonische Kristalle auf. Ein Beispiel für einen von Pflanzen gemachten photonischen Kristall ist der Edelstein Tabasheer, der auch als Pflanzenopal, Bambusopal oder Banslochan bekannt ist. Wie der Edelopal besteht auch dieser organische Edelstein aus hydratisiertem Siliziumoxid (mehr dazu auf Seite 140). Der Banslochan ist weißlich oder gräulich mit blauem Schiller – er ist hart, teilweise schön durchsichtig und wurde in der Vergangenheit besonders in Asien als Modeschmuck verwendet – geschliffen als Cabochon.

Auch Pfauenfedern und die Schuppen einiger Schmetterlinge weisen farbgebende photonische Kristalle auf.

Als letztes Beispiel für farbgebende Strukturen möchte ich cholesterische Flüssigkristalle erwähnen. Das sind gedrehte Schichtstrukturen, bei denen die einzelnen Moleküle eine bevorzugte Ausrichtung haben, die sich von Lage zu Lage ändert, wobei die Variation dieser Veränderungen periodisch ist. Flüssigkristalle gibt es nicht nur in LCD-Displays, sondern auch in der belebten Natur, zum Beispiel auf der Außenhülle des Skarabäus-Käfers (auch bekannt als Heiliger Pillendreher), des Rosenkäfers und des Juwelenkäfers. All diese Tierchen haben schillernde grüne, rote und blaue Farben und können etliche Zentimeter groß werden. Auch einige tropische Unterholzfarne weisen eine verdrehte Schichtung von Zellulosemikrofasern auf, die Vielschichtinterferenzlagen bilden.

Die Vielfalt des Dschungels hinter dem Haus

Als wir im Jahr 2008 von Österreich nach Malaysia zogen, begleiteten uns unsere Graupapageien Hasi und Jocki in die Tropen. Die beiden Vögel lebten viele Jahre lang in einem 30 Quadratmeter großen Vogelhaus mit Blick auf den Primärregenwald Ayer Hitam, ein grünes Wunder, mittlerweile vollständig umgeben von der stetig wachsenden Stadt Kuala Lumpur. Wir wählten einen großen Gitterabstand für die Voliere, und so erhielten die Vögel Besuch von den verschiedensten Dschungeltieren. Eichhörnchen, Schmetterlinge, Insekten, kleine Vögel, Schlangen und Frösche waren tägliche Besucher und fanden Futter und temporäre Zuflucht vor größeren Jägern.

Eines Tages entdeckte ich an einer Rankepflanze im Vogelhaus eine wunderschöne gelbe Blüte. Als sie verblüht war, nahm ich sie ab und warf sie in weitem Bogen ins Unterholz. Dabei entstand entlang der Flugbahn ein bunter Regenbogen. Komisch, dachte ich, hob die Blüte wieder hoch und betrachtete sie genauer: Sie war bedeckt mit kleinsten Pilzchen, die in allen Farben leuchteten. Wow – ein irisierender Pilz! Mein Sommerstudent Jonas Bansemer, der an der Universität des Saarlandes in Deutschland Mikro- und Nanostrukturen studierte, und meine malaysische Praktikantin Nurul Huda, die unter meiner Betreuung an biomimetischen Solarzellen arbeitete, identifizierten den Pilz als *Choanephora cucurbitarum* – ein Organismus, der bevorzugt an verrottenden Früchten oder Blüten auftritt. Sie ließen ihn im Frühjahr 2014 in Kultur wachsen und untersuchten seine farbgebenden Nanostrukturen mit verschiedenen Mikroskopiemethoden. Bei ganz jungen, einen Tag alten Pilzhyphen (das sind die fädigen Vegetationsorgane von Pilzen), sieht man nur eine dünne Schicht unter dem Mikroskop. Erst nach sieben Tagen entsteht eine zweite Schicht, und die Farben werden intensiver und strahlender.

Nachdem die Blüte abgefallen war, wuchs ein großer Kürbis, der den Papageien viel Freude bereitete. Die Oberfläche des Kürbisses war mit einer feinen, weißen Schicht bedeckt, deren Farbe von nanoskaligen Wachsstrukturen erzeugt wurde. Als der Kürbis irgendwann abfiel, zu verrotten begann und schließlich Futter und Dünger für weitere Organismen im Vogelhaus wurde, wuchsen auch auf ihm unsere irisierenden Pilzchen. Das waren zwei Vorkommen von Strukturfarben, gleich hinter unserem Haus! Und es waren nicht die einzigen: Ich fand Springspinnen, deren kleine Körper mit bunt schillernden Teilen bedeckt waren, die aussahen wie aus einer CD herausgeschnitten, sowie blau und grün glänzende Fliegen. Und schöne, blau leuchtende Schmetterlinge tanzten durch die Luft.

Doch nicht nur die Vogelvoliere und unser Garten in den Tropen waren voller schillernder, bunter Beispiele für Strukturfarben bei Pflanzen und Tieren. Eine ganz besondere Bandbreite dieser nachhaltigen, umweltfreundlichen Farben begegnete mir bei einer Expedition zum Heiligen Berg Gunung Kinabalu auf Borneo: Der Kinabalu ist über 4000 Meter hoch und dominiert die Küstenregion des malaysischen Staates Sabah auf der Insel Borneo mit seiner charakteristischen Silhouette. Er hat UNESCO-Welterbe-Status. Seine Fauna und

Flora ist einzigartig schön, vielfältig und weist wunderbare Pflanzen und Tiere mit Strukturfarben auf – zum Beispiel blau leuchtende Farne, irisierende Früchte, schillernde Schmetterlinge und die Regenbogenbegonie – ein Wunder der Natur, das seinesgleichen sucht! Die Blätter der *Begonia pavonina* leuchten metallisch rot, blau, grün, braun und wechseln ihre Farbe mit dem Betrachtungswinkel – man verdreht ein bisschen den Kopf und sieht eine andere Farbe. Dies ist ein weiterer, eindrucksvoller Aspekt von Strukturfarben: Wenn eine Studentin und ich uns einen Schmetterlingsflügel oder einen Opal ansehen, und sie sagt: »Schau, Ille, dieses wunderschöne, metallisch glänzende Gold hier – das wäre doch was, wenn wir das reproduzieren könnten!«, ist es leicht möglich, dass meine Antwort lautet: »Gold? Ich sehe hier Blitzblau!«

**Der Kohlweißling –
Ein kleines Wunder der Natur**

Jeder kennt den Kohlweißling: ein unscheinbarer, weißer Schmetterling mit jeweils einem schwarzen Punkt auf den Flügeldecken. Die Raupen vom Kohlweißling sind besonders bei Gärtnern nicht sehr beliebt. Unermüdlich fressen die kleinen Tierchen Kohlblätter in sich rein, bis manchmal nur mehr Strünke übrig bleiben und Missernten drohen.

In meiner Wissenschaft war es mir schon immer wichtig, von den kleinen, den unscheinbaren, den manchmal sogar gehassten Dingen zu lernen und sie somit auch unter einem anderen Blickwinkel zu betrachten. Dasselbe gilt für den Kohlweißling. Seine Flügel sind nämlich nanotechnologische Wunder, die sich allerdings erst unter dem Mikroskop in all ihrer Pracht offenbaren. Nun, eigentlich ist schon der mit dem nackten Auge sichtbare Bereich, und der, den man mit einer starken Lupe oder einem Auflichtmikroskop, das man derzeit günstig zum Anschließen an den Computer erhält, wunderschön.

Ich möchte Ihnen dazu ein kleines Experiment vorschlagen: Besorgen Sie sich einen Schmetterlings- oder Mottenflügel. Es gibt zum Beispiel im Schmetterlingshaus in Wien wunderschöne Exemplare natürlich gestorbener Schmetterlinge zu kaufen, oder Sie suchen in einer Fensterecke, in der eine Spinne ihr Netz aufgespannt hat – meist liegen unter dem Netz einige Flügel, da die Spinne sie nicht frisst und fallen lässt. Dann nehmen Sie sich eine Lupe und einen Bleistift oder ein chinesisches Essstäbchen, an dessen Ende Sie eine Wimper mit abgeschnittenem Ende geklebt haben, sodass Sie einen relativ steifen »Mikromanipulator« erhalten. Unter der Lupe sehen Sie schon deutlich die einzelnen Schüppchen am Flügel. Versuchen Sie nun, einzelne Schüppchen zu entfernen. Sie werden sehen, dass diese mithilfe kleiner Stäbchen in einer überraschend regelmäßigen Struktur angeordnet sind und Sie werden schnell feststellen können, dass es oben und unten gibt, weil man in eine Richtung die Schüppchen recht leicht los bekommt, in die andere aber viel schwieriger. Wenn Sie die Schüppchen von einer größeren Fläche entfernt haben, wird die Regalstruktur mit Zeilen und Fächern deutlich sichtbar. Es sieht aus wie bei einem Bücherregal!

Die Oberfläche des Schmetterlingsflügels hat keine isotrope Struktur – das heißt, die Struktur ist nicht in alle Richtungen gleich. Dadurch werden faszinierende Oberflächeneigenschaften erzeugt: Wasser perlt ab und rinnt bevorzugt in eine Richtung, dabei nimmt es kleine Schmutzteilchen mit sich. Oberflächenstrukturierung in verschiedensten Größenordnungen, von Zentimeter über Millimeter hin zu Mikrometern und Nanometern, verursacht derart multifunktionale Materialien. Gemäß dem Prinzip »Struktur statt Material« könnten nun auch wir Menschen, sobald wir die grundlegenden Eigenschaften des Aufbaus verstanden haben, solche multifunktionalen Oberflächen nachbauen, aus Materialien unserer Wahl.

Unter dem Rasterelektronenmikroskop erscheinen weitere imposante Strukturen auf dem Schmetterlingsflügel. Man sieht, dass sich auf den einzelnen Schüppchen Längsstreifen befinden, die durch Querstreifen verbunden sind. An den Querstreifen hängen Millionen von eierförmigen Strukturen. Jede einzelne davon ist circa 100 Nanometer lang. Und diese Strukturen machen nun mit dem Licht das, was auch Wassertröpfchen in einer Wolke mit dem Licht machen: Sie streuen es in alle Richtungen, und weil die Nanoeier unregelmäßig angeordnet sind, entsteht nicht eine bestimmte Farbe, sondern die Mischung aller Farben – der Flügel erscheint weiß. Und das, obwohl er eigentlich farblos ist. Wenn man ihn nämlich sorgfältig in einem Mörser zerstampft und alle Streustrukturen zerstört, bleibt ein Häufchen transparenten Schmetterlingsflügelstaubes übrig.

Und was ist mit den kleinen schwarzen Pünktchen am Kohlweißlingflügel? Auch hier finden sich keine Farbpigmente, kein Ruß, keine schwarze Körperfarbe. Und es ist auch nicht mehr Struktur dort, wo der Flügel schwarz erscheint, sondern (was nur auf den ersten Blick erstaunlich ist) weniger, weil die Streuzentren fehlen. Längs- und Querrillen finden sich im Bereich des schwarzen Punkts wie im Rest vom Flügel – aber keine Nanoeier! Das Licht wird in diesem Bereich des Flügels also nicht gestreut und als weiß wahrgenommen, sondern absorbiert – deswegen erscheint er hier schwarz!

Als ich das erste Mal Bilder des Kohlweißlings unter dem Mikroskop sah, wusste ich – dieses Tierchen hat nun einen Fixplatz, wenn ich über Farben in der Natur spreche. Technologisch können wir ähnliche Strukturen derzeit nur mit Mühe herstellen, es ist sehr teuer und noch nicht auf einer Größe von einigen Quadratzentimetern möglich. Die Methode heißt fokussierte Ionenstrahlmethode, dabei wird mit flüssigen Metallionen der Anteil des Materials abgetragen, der nicht für die Struktur relevant ist. Auch hier sieht man einen grundlegenden Unterschied zwischen der derzeit vorherrschenden Technologie des Menschen und dem Wachsen in der Natur: Im Schmetterling wachsen die Strukturen beim Übergang von der Raupe zum Falter. Die Raupe frisst nur ein bisschen Kohl und trinkt ein wenig Wasser, wohingegen wir mit Kanonen auf Spatzen schießen, indem wir mit Hightech-Instrumenten aus einem Block die gewünschte Struktur rausschneiden. Und wenn die natürliche Nanostruktur »Schmetterling« stirbt, dient er als Futter und Dünger für weitere Lebewesen, wohingegen die menschengemachte Nanostruktur womöglich als Giftstoff entsorgt werden muss.

Farben stempeln

Im Jahr 2009 fragte mich Sigrid Zobl, Dissertantin an der Akademie der Bildenden Künste in Wien, ob ich nicht die Zweitbetreuerin ihrer Dissertation sein möchte. Wir besprachen mögliche Themen und einigten uns auf die Strukturen des Schmetterlingsflügels, die Farben verursachen, und ihren Transfer in Architektur, Industrie und den Kreativbereich durch Stempel.

Strukturfarben entstehen ja, wie ihr Name verrät, durch Strukturen und nicht durch Pigmente. Manchmal sind diese farberzeugenden Strukturen viele dünne Schichten, die übereinander angeordnet sind, und manchmal sehen sie wie Christbäume aus. Übereinanderliegende, dünne Schichten kann man nicht durch einen Stempel übertragen, da man damit ja nur die Oberfläche abformen kann, und die ist bei einer dünnen Schicht einfach flach. Ebenso kann man photonische Kristalle, die in vielen Schmetterlingsflügeln die farbgebenden Komponenten sind, nicht durch einen Stempel abformen. Die farbgebende Nanostruktur des Morphofalters jedoch ist vielversprechend in Bezug auf Stempel: Sie sieht aus wie ein Wald aus Minichristbäumen. Stellen Sie sich nun einfach vor, Sie wären ein Riese und hätten einen Wald vor sich. Von oben drücken Sie eine Riesenmenge Salzteig auf die Bäume und entfernen ihn dann wieder. Der Salzteig hat nun lauter Einbuchtungen, die von den Abdrücken der Bäume stammen. Wenn man den Salzteig jetzt trocknen lässt und dann in eine weiche Oberfläche drückt, zum Beispiel in Knetmasse, entstehen lauter Baumstrukturen – Sie haben einen Stempel hergestellt, mit dem man Formen stempeln kann. Etwas ganz Ähnliches hatte Sigrid vor, allerdings auf der Mikro- und Nanometerskala. Die christbaumartigen Strukturen, die die Farben beim Morphofalter verursachen, sind nämlich kleiner als ein tausendstel Millimeter.

Flügel von natürlich verstorbenen Morphos waren schnell besorgt. Nach einigen Monaten des Experimentierens war eine Methode entwickelt, die es ermöglicht, die christbaumartigen Strukturen vom Morpho auf einen Masterstempel zu übertragen, also einen Stempel, den man wiederholt benutzen kann. Sigi entwickelte eine Methode, die einzelnen Schuppen des Schmetterlingsflügels mit einer hauchfeinen Schicht, die nur einige Nanometer Dicke hat, zu verbinden. Dann wird der Stempel auf den Schmetterlingsflügel gedrückt, und es entsteht eine Negativabbildung von den Christbäumchen. Wenn nun dieser Stempel auf eine passende Oberfläche gedrückt wird, entsteht wieder ein positiver Abdruck, der ziemlich genau den Christbäumchen im Morpho entspricht.

Unsere Forschungsergebnisse wurden im Frühjahr 2016 in einem wissenschaftlichen Topjournal veröffentlicht und verursachten großes Interesse in der Fachwelt – ist unsere Methode doch um etliches schneller als vorher publizierte und erlaubt die Herstellung eines Masterstempels statt nur eines einzigen Abdrucks pro Flügel. Außerdem ist unsere Methode um etliches günstiger.

Eine ganz besondere Herausforderung, die Sigi bravourös gemeistert hat, ist die genaue Kontrolle der Benetzbarkeit – hier ist Meisterschaft im Materialverständnis gefragt. Normalerweise ist nämlich ein Schmetterlingsflügel schwer benetzbar. Wenn man Wasser oder auch Honig aufbringt, perlt die Flüssigkeit ab und rinnt in bevorzugte Richtungen vom Flügel – durch diese Oberflächenstrukturierung ist der Körper des Schmetterlings vor Wasser und eventuell nachfolgendem Schimmel- oder Fäulnisbefall geschützt. Das Material des Stempels muss also so gewählt werden, dass es zwischen die Äste der Nanochristbäume eindringen und die gesamte Struktur abnehmen kann.

Mit dem Masterstempel abgebildete Strukturen schillern ähnlich wie ein Opal in vielen Farben. Untersuchungen mit hochauflösenden Mikroskopen zeigten die Genauigkeit der Abnahme der Strukturen im Nanometerbereich und die Änderung der Qualität der gestempelten Strukturen abhängig von der Anzahl der Stempelungen mit dem Masterstempel. Kehren wir wieder zurück zu unserer Analogie mit dem Salzteig: Wenn man wiederholt Christbäumchen in Knetmasse stempelt, sehen die Bäumchen immer ein bisschen anders aus, weil zum Beispiel Ecken rausbrechen, und die Strukturen nach mehreren Wiederholungen wegen der mechanischen Belastung immer runder werden. Bei unseren Salzteigstempel-Bäumen sieht man die Änderung nur in der Form – im Falle der gestempelten Strukturfarben bewirkt eine Änderung der gestempelten Form natürlich auch eine Änderung in der Farbe, die wir sehen. Und manchmal kann die Farbe, die ja auf periodischen Nanostrukturen basiert, ganz verschwinden, weil die Qualität der gestempelten Strukturen einfach nicht mehr ausreicht.

Sigi stellte mehrere Masterstempel her und stempelte und stempelte, und immer noch erschienen Farben! Das Ziel war erreicht, und Sigi schreibt nun ihre Doktorarbeit. Sie hat im Grundstudium Ökologie studiert, und ihr liegt – wie mir auch – die umweltfreundliche Anwendung von Strukturfarben sehr am Herzen. Anders als bei vielen der derzeit am Markt erhältlichen Strukturfarben (auf bunten Hologrammstickern auf Kreditkarten, Zigaretten- und Medikamentenpackungen) ist es uns sehr wichtig, mit umweltfreundlichen Materialien zu arbeiten und auch diesen Bereich der belebten Natur zu transferieren.

Wie Strukturfarben unsere Umwelt verändern können

Strukturfarben können in vielen Fällen als nachhaltige und umweltfreundliche Alternative dienen. Weiter bieten sie den Vorteil, dass die Nanostrukturen, aus denen sie aufgebaut sind, multifunktional sein können und so neben der Färbung der Oberfläche weitere Materialeigenschaften bedingen oder verstärken.

Derzeit kann man unter »Farbe« hauptsächlich eine zusätzliche Schicht verstehen, die auf ein Objekt aufgetragen wird. Technisch hergestellte Strukturfarben bieten aber viele verschiedene Anwendungsmöglichkeiten. Dadurch, dass die Oberfläche selbst strukturiert wird, erspart man sich Material, Kosten und Aufwand. Im Prinzip braucht man nur mit einer Walze über das zu färbende Material walzen und man erhält das gewünschte Resultat. Wir arbeiten derzeit intensiv daran, verschiedene Materialien auf diese Art und Weise einzufärben.

Natürlich muss bei einer derartigen Oberflächenfunktionalisierung vieles betrachtet werden. Sehr wichtig ist, dass das Material, wenn es nano- und mikrostrukturiert wird, ungiftig bleibt. Hier können wir von der belebten Natur lernen, bei welchen Stoffen dies der Fall ist. Weiter ist es wichtig, dass auch nach der Nanostrukturierung die mechanische Stabilität der Oberfläche bei Belastung erhalten und Eigenschaften wie Lichtechtheit und Witterungsbeständigkeit unverändert bleiben. Auch dahingehende Untersuchungen laufen im Moment. Harte Oberflächen, die sich durch Stempel oder Walzen nicht nanostrukturieren lassen, können mit einer nanostrukturierten Schicht überzogen werden – auch hier sind viele qualitätssichernde

Maßnahmen nötig. Als Material für so eine zusätzliche Schicht denken wir derzeit pflanzliche Hartwachse an. Strukturfarben könnten aber auch einen »Nagellack ohne Lack« liefern, also eine transparente Schicht auf den Nägeln, die durch Nanostrukturierung immer wieder neue interessante Farbeffekte erhält, zum Beispiel indem man mit verschiedenen kleinen Walzen über den Nagel rollt, und dadurch Nanostrukturen und Farben erzeugt. Ähnliches gilt für immer wieder neu einfärbbare Tapeten oder veränderliche Werbeplakate – man fährt einfach mit einer anderen Walze drüber und ändert dadurch die Oberflächenstruktur. Mit Strukturfarben könnte man auch einen neuartigen Vorhang in der Oper konstruieren, der die Farbe mit der Musik ändert: Dies kann man durch schalldruckempfindliche Farben realisieren. Außerdem können sie Verwendung finden als Strukturierung von Fenstern und Hausfassaden mit Mitteilungen, die nur unter bestimmten Bedingungen lesbar sind. Etwa, wenn es regnet, dann wird durch die Nanostrukturierung das Abrinnverhalten des Wassers kontrolliert und das Wasser so um die Buchstaben herum geleitet, die dadurch sichtbar werden. Auf dieselbe Art könnte man Nachrichten auf Wände drucken, die nur im Brandfall lesbar sind: Im normalen Zustand sieht man dann nichts, da die Strukturen zu klein sind, um vom menschlichen Auge als Farbe wahrgenommen zu werden. Durch die Anlagerung von Verbrennungsgasen bei einem Brand vergrößern sich die Strukturen, und die unsichtbaren Farben werden sichtbar.

Jedes Jahr sterben Millionen Vögel an Wolkenkratzern, weil sie die Fenster nicht sehen, dagegen fliegen und sich das Genick brechen. Auch hier könnten Strukturfarben Abhilfe schaffen, zum Beispiel als Beschichtung für Fenster, die für Vögel sichtbar ist und für Menschen nicht, da wir in anderen Lichtwellenlängenbereichen sehen. Die Vögel werden so davon abgehalten, gegen die Fenster zu fliegen, von Menschen werden sie nicht wahrgenommen und damit auch nicht als störend empfunden.

Eine weitere, derzeit schon gebräuchliche Anwendung von Strukturfarben ist als Anzeiger für bestimmte Krankheiten. Auf einfachen, preisgünstigen Papierstreifen werden Strukturen aufgebracht, die sich bei der Anlagerung von krankheitstypischen Molekülen vergrößern und dadurch in der Farbe verändern (so wie eine Seifenblase ihre Farbe ändert, wenn der Seifenfilm dicker wird).

Die meisten dieser Funktionalitäten sind allein von der Struktur abhängig, nicht vom Material. Das bedeutet, wir können mit umweltfreundlichen, abbaubaren, essbaren, verrottbaren, nachhaltigen Materialien arbeiten und ersparen uns viele potenziell toxische Pigmente.

Außerdem können wir bestimmen, welche Eigenschaften wir von einem Gegenstand wollen und brauchen und die Multifunktionalität, wie sie durch Strukturfarben möglich wird, ausnutzen.

Welche Eigenschaften wollen wir von einer Hauswand? – Sie sollte nicht schmutzig werden, es sollte sich kein Schimmel an ihr ansetzen, die Farbe sollte strahlend und gleichmäßig bleiben, wir wollen vielleicht in Extremfällen Nachrichten auf der Hauswand veröffentlichen (in Ausnahmesituationen, etwa, wenn es brennt), sie sollte im Sommer kühlen und im Winter wärmen und so weiter.

Was wollen wir von einem Kleidungsstück? – Es sollte wärmen, wenn es kalt ist, kühlen, wenn es zu heiß ist, schmutzunempfindlich und immer wie neu sein, sich selbst reparieren, eventuelle Krankheiten an seinen Träger melden. Kleider sollten beim Waschen auch keine beinahe unzersetzbaren Kleinstfasern abgeben, wie es ein Großteil unserer Kleidung aus Synthetikmaterial aktuell tut, und damit Flüsse und Meere belasten. All diese Eigenschaften finden wir im Tierfell. Noch dazu sind Felle biologisch abbaubar und dienen nach dem Tod des Tieres als Dünger für Pflanzen oder Futter für andere Tiere und Mikroorganismen.

Integrativ zu denken fällt vielen von uns sehr schwer, da wir in einer Welt aufwachsen, in der vieles konzeptionell in funktionale Kleinteile zerlegt wird. Bei unseren Dschungelexpeditionen mit Teilnehmern aus vielen verschiedenen Fachgebieten versuchen wir deshalb, systemische Betrachtungen anzustellen und funktionale Zusammenhänge auf breiterer Basis zu erfassen.

Schmetterlingsflügels sind multifunktional: Starke Flügelfarben irritieren Verfolger, spielen ihnen vielleicht andere, gefährlichere Arten vor. Wasser perlt ab, Schmutz wird von den abperlenden Wassertropfen mitgenommen. Muster kommunizieren mit Artgenossen und auf exquisite Art und Weise finden Mechanismen statt, die Temperatur und Wasserhaushalt im Organismus regeln. Indem eine integrative Sichtweise selbstverständlich und vom biologischen Vorbild biomimetisch zu den eigenen Entwicklungen übertragen wird, erwerben unsere Teilnehmer Fähigkeiten, die besonders bei der erfolgreichen Entwicklung von multifunktionalen Materialien, Strukturen und Prozessen unabdingbar sind.

8 Algen machen Glas, Bakterien bauen Magnete – Die Welt der Biomineralisation

Das erste Mal mit Biomineralisation in Kontakt gekommen bin ich während meiner Zeit in Paul Hansmas Labor in Santa Barbara in Kalifornien. Ich entsinne mich noch, wie mir Kieselalgen als Forschungsobjekte nahegelegt wurden. Beim ersten Einlesen in die Materie eröffnete sich mir eine wunderbare, neue Welt. Damals, auf meinem Schreibtisch in Hansmas Labor, auf dem auch die Wiener Wasserschnecken standen, die mir zu meinem ersten großen wissenschaftlichen Ergebnis verhalfen (siehe Seite 44), las ich zum ersten Mal über Glas machende Algen, Magnete bauende Bakterien, Tiere, die die Größe und Kristallstruktur von Eiskristallen in ihren Körpern regeln, und Nieren- und Gallensteine aus Materialien, die ich sonst nur aus meinen Edelstein- und Mineralienbüchern kannte. Meine Gedanken wanderten zurück in den Biologieunterricht am Gymnasium. Ich hatte riesengroßes Glück mit meiner Schule gehabt. Alle Lehrer waren engagiert, und wir erwarben Wissen, das die Basis unseres heutigen Erfolgs darstellt. Mit ganz besonderer Freude erinnere ich mich an meinen Biologielehrer, Mag. Peter Zenkl aus Graz. Er hat mir nicht nur die Oper nahegebracht, die ich seit meiner ersten Aufführung der *Zauberflöte* am Grazer Haus liebe, sondern auch die Biologie. Und ich erinnere mich an die Bildtafeln aus dem Buch *Kunstformen der Natur* von Ernst Haeckel, die mir schon als Teenager eine Welt voller Magie und Schönheit in der Biologie zeigten. Dass ich jemals mit diesen Tieren und Pflanzen arbeiten und mich als Physikerin von ihnen inspirieren lassen würde, dass sie Vorbilder werden würden für meine Visionen und Ideen für eine menschen- und umweltgerechte Technologie, eine neue Art der Ingenieurswissenschaften und generell der Produktion, des Transports, der Benutzung und der Entsorgung von Gütern, hätte ich mir damals allerdings nicht gedacht.

Im Herbst 2014 ging dann einer meiner großen Träume in Erfüllung: Wir fanden einen Edelstein im Dschungel! Auf einer Expedition in Fraser's Hill, einem ruhigen, urtümlichen Hochlandgebiet, das von Kuala Lumpur aus innerhalb weniger Stunden erreichbar ist, waren wir mehrere Tage mit Biologen und Biologinnen von der Nationalen Universität unterwegs. Wir kamen in ein Gebiet voller Bambus, dieser wächst in Malaysia bis zu 20 Meter hoch, manche Arten sogar noch höher, mit einem Durchmesser der »Halme« (Bambus ist ein Gras!) von über zehn Zentimetern. Die stabilen Bambusstämme werden für Baugerüste verwendet, und auch direkt im Hausbau, entweder als runde Stämme oder aufgeschlitzt und – nach einigen Stunden im Wasserbad – flach gedrückt als Bodenbelag. Bambusrohre mit langen Distanzen zwischen den Nodien (den charakteristischen Ringen) finden als Blasrohre Verwendung.

Wenn der lebende Bambus im Bereich der Nodien verletzt wird, sondert er eine silikathaltige Flüssigkeit ab, die in besonderen Fällen als durchscheinender, blau schillernder Edelstein, bekannt als Tabasheer, Banslochan oder Pflanzenopal, erstarrt. Bambus biomineralisiert also Opal! Die magisch blaue Farbe entsteht durch das Spiel vieler kleiner, regelmäßig angeordneter Silikatkügelchen mit dem Licht.

Was wir auf unserer Expedition fanden, war aber nicht der edle Tabasheer, sondern eine feste, weißliche Substanz, die in Malaysia zum Reinigen von Edelmetallschmuck und Metallwaren Verwendung findet. Diese Substanz ist eine Vorstufe des Tabasheer: Die Glaskügelchen haben viele verschiedene Größen, sind manchmal ganz unregelmäßig geformt und auch nicht regelmäßig angeordnet wie im Edelopal. Das Weiß dieser Vorstufe eines Edelsteins entsteht nicht durch Pigmente, sondern durch Lichtstreuung. Im Kapitel 7 über Strukturfarben gibt es Genaueres darüber zu erfahren.

Für die Orang Asli, die Eingeborenen Malaysias, liefert der Regenwald alles, was sie zum Leben brauchen. Ihr Zugang zu den Tieren und Pflanzen und auch zum Ökosystem »Wald« ist ganz anders als bei uns in Europa. Wenn man ein europäisches Kind bittet, einen Bambus zu zeichnen, erhält man höchstwahrscheinlich eine Skizze langer Stangen, die eventuell rohrförmig gezeichnet sind. Ein Orang-Asli-Kind, das im Wald aufwächst und von der Funktionalität der Fauna und Flora weiß, malt einen Kreis. Und zeigt dadurch, dass es den Bambusstab im Durchmesser zeichnet, wie viel es schon von der Mechanik des Regenwaldes versteht.

Doch zurück zur Biomineralisation. Bambus, der Edelsteine macht, Algen, die Glas herstellen, und Bakterien, die Magnete bauen. Das klingt zwar wie Science Fiction oder ausgereifte Biotechnologie, ist aber Realität in der belebten Natur, die es schon seit Jahrmillionen gibt.

Wundersame Bakterien

Im Jahre 1963 saß in Italien der Forscher Salvatore Bellini an seinem Mikroskop und wollte Bakterien untersuchen. Die Bakterien, die er sich ansah, schwammen immer in dieselbe Richtung. Er dachte, dass sie vielleicht zum Licht schwimmen (es gibt viele Bakterien, die lichtempfindlich sind), und verdrehte das Mikroskop, sodass das Fenster nun in einer anderen Richtung war. Die Bakterien änderten weiterhin ihre Richtung nicht. Er veränderte noch mehrere Parameter, von denen er dachte, sie würden vielleicht die Schwimmrichtung dieser kleinen Organismen beeinflussen. Keine Veränderung. Bis er schließlich die Magnete entfernte, mit denen er das Glasblättchen fixiert hatte – und siehe da, schlagartig hörte die geordnete Schwimmrichtung der Bakterien auf. Er hatte magnetotaktische Bakterien entdeckt, die ihre Bewegungsrichtung anhand von magnetischen Feldlinien orientieren können!

Bakterien sind nur einige Mikrometer lang. In magnetotaktischen Bakterien kann man mit hochauflösenden Mikroskopen einzelne Kristalle sehen, oft so aneinandergereiht, dass sie wie Perlen auf einer Nanokette erscheinen. Die einzelnen »Perlen« sind einige Hundert Nanometer groß und wunderschön regelmäßige, magnetische Kristalle. Und nicht nur das: Alle magnetischen Pole in einem einzelnen Kristall weisen in dieselbe Richtung. Das bedeutet, der kleine Kristall ist für die Menge an Material, aus der er besteht, maximal magnetisiert. Theoretische Physiker haben berechnet, dass diese magnetischen Einzeldomänkristalle die maximale Größe besitzen, die physikalisch möglich ist – wären die kleinen Kristalle etwas größer, bestünden sie aus verschiedenen magnetischen Domänen, und damit wäre ihr Gesamtmagnetfeld abgeschwächt. In der

Kettenanordnung wirken die einzelnen Magnete nun so wie ein Stabmagnet, und die kleinen Bakterien richten sich entlang der Magnetfeldlinien aus, entweder an denen der Erde oder entlang derer, die durch die Magnete erzeugt werden, mit denen das Mikroskopgläschen von Forscher Bellini befestigt war. Sie schwimmen entlang dieser Achse. Warum?

Bakterien sind klein und leicht. Einige von ihnen leben im Wasser, und ihre Vorfahren sind aus sehr, sehr alter Zeit, noch bevor dieses saure Gas, das an einem der größten Aussterben der Arten fast alle damaligen Lebewesen dahingerafft hat – Sauerstoff –, in der Atmosphäre vertreten war. Es sind sogenannte anaerobe Bakterien, und die hassen Sauerstoff. Im Wasser wollen sie nach unten, in den Faulschlamm, in dem es anaerobe Lebensbedingungen gibt, die ihnen zusagen. Nun taucht eine Schwierigkeit auf: Als kleines Bakterium im Wasser ist man mit einem Leben bei niedriger Reynolds-Zahl konfrontiert. Diese beschreibt die Zähigkeit einer Flüssigkeit in Abhängigkeit von der Größe eines Partikels, der sich in dieser Flüssigkeit bewegt. Eine Stahlkugel sinkt in Honig leicht zu Boden. Stahlstaub hingegen verbleibt für lange Zeit in den obersten Schichten, seine Sinkgeschwindigkeit geht gegen null. Ähnlich verhält es sich mit kleinen Bakterien im Wasser: Sie erleben die Konsistenz des Wassers wie Blütenpollen die Zähigkeit des Honigs. Sie können sich nicht auf die

Gravitation, auf die Erdanziehung, verlassen, um nach unten zu sinken, in die für sie angenehmen, sauerstofffreien Zonen. Mithilfe ihrer Magnete jedoch können sich die Bakterien am Magnetfeld nach unten hin ausrichten, ihren kleinen Motor anwerfen und aktiv nach unten schwimmen.

Magnetotaktische Bakterien, also Bakterien, die sich mithilfe des Erdmagnetfeldes orientieren, gibt es nicht überall auf der Welt. Die vertikale Komponente des Magnetfeldes, die den Bakterien dabei hilft, oben von unten zu unterscheiden, ist am Nordpol etwa 90 Grad zur Erdoberfläche geneigt, in unseren Breiten etwa 60 Grad, und am Äquator null Grad. Deswegen gibt es in äquatorialen Gebieten auch keine natürlich vorkommenden magnetotaktischen Bakterien – sie können sich dort nicht wie gewohnt orientieren, da sie oben von unten nicht unterscheiden können, weil das Erdmagnetfeld dort nur eine horizontale Komponente hat und keine vertikale. Wegen der unterschiedlichen Richtungen des Erdmagnetfeldes auf der Nord- und auf der Südhalbkugel würden Bakterienpopulationen, die auf die jeweils andere Hälfte gebracht werden, Selbstmord begehen – sie würden schlicht und ergreifend in die falsche Richtung schwimmen!

Ich finde es immer sehr schön, wenn Physik und Verhalten so klar voneinander abhängen – bietet dies doch viel Inspiration für etwaige technologische Anwendungen. Je mehr kognitive Fähigkeiten im Verhalten involviert sind, desto schwieriger wird es, Biomimetik zu betreiben. Auch aus diesem Grund betrachte ich gern einfache Tiere, Pflanzen, Mikroorganismen und Viren. Sie sind komplex und faszinierend auf der einen Seite, aber ohne höhere Zentren im Gehirn, die die Identifizierung von Grundprinzipien und deren Umsetzung in die Technik erschweren.

Die Bakterien erzeugen ihre Magnete übrigens ganz anders, als wir Menschen derzeit Magnete herstellen. Nämlich unter Umgebungsbedingungen, ohne giftige Abgase, ohne dass verschiedenste Materialien über weite Strecken transportiert und dann miteinander verarbeitet werden müssen – es wird einfach verwendet, was lokal zur Verfügung steht. Menschengemachte Permanentmagnete werden auf eher umständliche Weise hergestellt: Verschiedene metallische Grundmaterialien (Eisen, Kobalt, Nickel) werden in Pulverform in bestimmten Verhältnissen gemischt und dann unter großem Druck und bei hoher Temperatur in Form gepresst. Anschließend werden sie impulsmagnetisiert. Die kleinen Einzeldomänmagnetkriställchen in magnetotaktischen Bakterien entstehen auf ganz andere Art und Weise: durch Biomineralisation von magnetischen Eisenverbindungen bei Umgebungsbedingungen, wobei das in Spuren im Wasser gelöste Eisen verwendet wird.

Was sind biomineralisierte Materialien und Strukturen?

Biomineralisierte Materialien sind Metalle, Legierungen, Keramiken, Polymere und Verbundstoffe (Kompositmaterialien), die von lebenden Organismen hergestellt werden. Biomineralien werden von Tausenden Arten hergestellt, unter anderem auch von Babys – denken Sie nur an Zähne! Zähne sind harte Strukturen, die viele Jahre unter großer Beanspruchung funktionieren und von Babys erzeugt werden, die nur ein bisschen Milch trinken, Luft atmen und deren Temperatur selten 40 Grad Celsius übersteigt. Oh, wie viel können wir hier noch von der Natur lernen!

Wenn wir Menschen Materialien herstellen, Metalle oder Legierungen, Verbundwerkstoffe oder Kristalle, funktioniert dies oft nur unter hohem Druck oder mit hoher Temperatur und geht meist mit der Produktion von giftigen Abgasen, Abfall und vielen weiteren komplizierten Prozessschritten einher. In der belebten Natur werden nicht nur die Materialien unter Umgebungsbedingungen hergestellt, sie haben auch noch (oft schöne) funktionale Formen. Material und Struktur sind meist untrennbar im Bauplan des Organismus verankert und eng verwoben. Biomineralien haben oft eine genau kontrollierte Struktur, Zusammensetzung, Form und Organisation, und sie können neue benigne Produktionsprozesse in den Ingenieurswissenschaften inspirieren. Ihre komplexen Formen können nicht durch einfache mechanistische Modelle des Kristallwachstums erklärt werden. Biotechnologen, Materialwissenschaftler, Biologen, Geologen, Ingenieure und Mediziner sind seit Langem fasziniert von mineralischen Strukturen in Organismen. Nun, mit unseren modernen Mikroskopie- und Materialcharakterisationsmethoden können wir biologische Materialien, Strukturen und Prozesse untersuchen, verstehen und zusehends entsprechende biomimetische Analogien entwickeln.

Biomineralisationsstudien beschreiben die Entstehung von organisierten mineralischen Strukturen durch hochgradig regulierte, zelluläre und molekulare Prozesse. Biomineralisierte Materialien sind zum Beispiel Zahnschmelz, der aus 97% Mineralien und 3% Proteinen besteht, sowie Dentin (Zahnbein) und Knochen, die jeweils aus 70% Mineral bestehen. Proteine und Eiweiße sind von inhärenter Bedeutung bei der Biomineralisation. Sie sind es, die die Prozesse kontrollieren, starten und stoppen können.

Muscheln, Korallen und Eisen fressende Bakterien

Mineralien in der unbelebten Natur sind normalerweise steif, brechen leicht, und es kostet nicht viel Energie, sie herzustellen. Organische Materialien sind weich und biegsam. Biomineralien sind eine synergistische Kombination aus Mineralien und organischen Materialien, mit außergewöhnlicher Funktionalität. Ein leichter, organischer Rahmen (dies spart Stoffwechselenergie) wird gefüllt mit billigem, anorganischem Material (wie zum Beispiel Kalziumkarbonat), und das Ganze resultiert in organisch-anorganischen Hybridwerkstoffen (Bioverbundwerkstoffen) mit definierten mechanischen Eigenschaften. Die Schale der Abalonemuschel, die neben wunderschönen, irisierenden Farben eine um ein Vielfaches höhere mechanische Bruchfestigkeit gegenüber einem Kalziumkarbonatkristall aufweist, ist ein faszinierendes Beispiel für diesen Vorgang. Obwohl sie nur aus Kalizumkarbonat mit ein paar Prozent Proteinen besteht, ist diese Muschelschale auf eine Art und Weise strukturiert, die einen zum Staunen bringt: Wie eine Mikroziegelmauer sehen die Muschelsplitter unter dem Mikroskop aus.

Funktionale Strukturen und Formen findet man auch bei immer wieder nachwachsenden Zähnen und aus widerstandsfähigen Silikaten natürlich geflochtenen Körben bei Glasschwämmen. Bei einer Dschungelexpedition im Templer Park nahe Kuala Lumpur fanden wir einmal das Skelett eines malaysischen Sonnenbären, einer kleinen dunkelbraunen Bärenart mit einer goldenen Sonne auf der Brust. Seine Krallen waren beeindruckend hart, scharf und äußerst bruchfest. Immer wieder sahen wir die senkrechten Kratzspuren, die diese Bären auf Bäumen hinterlassen, wenn sie sie besteigen, um nach dem Honig wilder Bienen zu suchen. Da es in den Tropen immer heiß und feucht ist, bauen sich Tropenbienen nämlich keinen Stock, sondern befestigen die Waben in Form von langen, dünnen Strukturen direkt unter den Ästen. Geerntet wird dieser Honig von Menschen und Bären, für die es ein Leichtes ist, mithilfe ihrer harten, biomineralisierten Krallen den Baum mit dem verlockenden Honig zu erklettern.

Die organische Matrix dient in den biomineralisierten Strukturen als Vermittlerin der Mineralisation und reguliert sogar die Kristallstruktur. Die außergewöhnlichen Charakteristika kontrollierter Biomineralisation sind gleichförmige Teilchengröße, wohldefinierte Strukturen, ein hohes Maß an örtlicher Organisation und Textur, Wachstum entlang bevorzugter Kristallachsen und hierarchische Anordnung über viele Längengrößenordnungen.

Im Gegensatz zu den meisten anderen Transformationen in Organismen hat die Biomineralisation weitreichende Effekte auf unsere Biosphäre, also den von Lebewesen bewohnten Raum, und die Lithosphäre, also die äußere, etwa 100 bis 200 Kilometer dicke Schale der

Erde. Denken Sie nur an Knochen, Muschelschalen und Fossilien, aber auch an ganze Bergketten und Kliffe, die durch Korallen oder die Ablagerung von Kleinstlebewesen entstanden sind, etwa die weißen Felsen von Dover an der Küste Großbritanniens – sie bestehen aus biomineralisierten Schalen von mikroskopisch kleinen Kalkalgen. Die Biomineralisation hat globale Implikationen und ist wichtig in globalen Stoffkreisläufen, in der Sedimentologie, in der Versteinerung, in der Meeres- und der Geochemie. Die ersten biomineralisierten Materialien und Strukturen entstanden vor einigen Milliarden Jahren.

Die Proteine, die die Biomineralisation steuern, regen aber nicht nur das Wachstum an, sie können es auch hemmen. Es gibt zum Beispiel ein Protein in unserem Mund, das verhindert, dass ununterbrochen Zahnschmelz gebildet wird.

Im Meer leben besonders viele biomineralisierende Organismen. Da auch die chemische Löslichkeit von bestimmten Substanzen die Biomineralisation mit beeinflusst, verändert das zusätzliche Kohlendioxid, das mit dem Ansteigen der Kohlendioxidkonzentration in der Luft in den Meeren gelöst ist, in komplexer Art und Weise die Löslichkeit von Kalziumkarbonat und erschwert in vielen Fällen die Biomineralisation und damit das Überleben des jeweiligen Organismus. Mit weitreichenden Folgen: Viele der Kalziumkarbonat biomineralisierenden Mikroorganismen sind wichtige Komponenten in der Nahrungskette, da sie als Teil des Planktons von verschiedensten größeren Tieren gefressen werden – und damit natürlich auch den Fischbestand mitbestimmen.

Allein im Meer gibt es Hunderttausende biomineralisierende Arten, so zum Beispiel 128 000 Muschelarten, 700 grüne, rote und braune Kalkalgenarten, mehr als 300 Arten von Tiefsee-Foraminiferen (einzellige Lebewesen, die ein paar Hundert Mikrometer groß sind und die sich Kalkschalen biomineralisieren) und 200 000 Kieselalgenarten.

Bereits im Jahre 1972 gab es erste Ideen, kontrollierte Mikrobenkulturen zu verwenden, um gewisse Mineralien und Erze anzureichern. Heutzutage steht uns massiv gesteigertes Wissen im Bereich der Biomineralisation und der Auswirkungen auf die Umwelt zur Verfügung, in Kombination mit völlig neuen, mächtigen Methoden der Analyse und Produktion. Mikroorganismen beeinflussen die Ablagerung von Mineralien, die Mangan, Eisen, Schwefel, Uran, Kupfer, Molybdän, Quecksilber oder Chrom enthalten, und sind vielversprechende Kandidaten für Bergbau mit Bakterien. Sie gewinnen ihre Stoffwechselenergie durch chemische Reaktionen mit Metallen wie zum Beispiel Eisen oder mit Schwefel.

Kalkstein und andere fixierte Karbonate dienen als langfristige Kohlenstoffsenken. Der Ozean kann ungefähr die Hälfte des Kohlendioxids, das durch die Verbrennung von fossilen Brennstoffen entsteht, absorbieren. Als Konsequenz werden unsere Meere aber immer saurer und die biomineralisierenden marinen Lebewesen tun sich immer schwerer, Kalziumkarbonat herzustellen – dies hat einen potentiellen Kollaps des marinen Ökosystems zur Folge, mit unvorhersehbaren Auswirkungen auf die Biosphäre, uns Menschen mit eingeschlossen.

Von Fischsilber und Glasschwämmen

Viele Organismen biomineralisieren anorganische Strukturen in vielfältigen Formen. Die Materialsynthese ist genetisch programmiert und kontrolliert, wie auch Größe, Form, Zusammensetzung und der Ort im Organismus, an dem sich diese biogenen Materialien schließlich befinden. Erst unsere modernen Methoden erlauben genaue Untersuchungen und eine genaue Beschreibung biomineralisierter Materialien, Strukturen und der Prozesse, die sie erzeugen. Viele der Kristalle und Verbundstoffe bestehen aus Proteinen und anorganischen Anteilen, von denen einige in der heutigen anorganischen Chemie immer noch unbekannt sind.

Wir kennen inzwischen aber über 70 verschiedene Biomineralien. Diese treten in Organismen in vielfältiger Erscheinung auf, zum Beispiel beinhalten die leichten und dennoch sehr widerstandsfähigen Vogelknochen, besonders die von Zugvögeln, Kalzit. Dieses Mineral tritt auch bei Korallen und Seesternen auf und trägt zur mechanischen Stabilität bei. Aber nicht nur – ab Seite 159 werden Sie von Kalzitlinsenaugen beim Schlangenstern lesen. Bei diesem Tier hat der Kalzit auch noch beeindruckende optische Funktionalitäten. Auch Phosphate werden vielfältig in Organismen biomineralisiert. Sie treten im Zahnstein auf, und Babys biomineralisieren dieses chemisch günstig herzustellende Mineral in ihren Zähnen und Knochen. Einfache Organismen wie Hefen und Algen erzeugen Gold-, Silber- und Uran-Nanopartikel, und Glasschwämme wie auch Kieselalgen haben ihr Spiel mit der Chemie und Physik von Silikaten perfektioniert – Hundertausende verschieden geformte Arten haben eine jeweils andere, charakteristische Form.

Auch organische Mineralien sind vielfältig. Guaninkristalle (Guanin ist eines der vier Grundelemente der DNS) in der Fischhaut sind für die silbrige Farbe verantwortlich, und Wachse bedecken die Oberfläche vieler Pflanzen, schützen sie vor Insekten, dem Austrocknen und ergeben, wie bei der Blautanne und bei Pflaumen, bläulich-weiße Überzüge. Mehr dazu im Abschnitt über die Physik der Strukturfarben ab Seite 117 und ab Seite 53 über nanostrukturierte Wachse als Insektizide, die nur gegen bestimmte Insektenarten wirken. (Man sieht aus den Querverweisen in verschiedenste Kapitel dieses Buches übrigens, wie eng verwoben die Funktionalitäten in der Biosphäre sind, dass zum Beispiel manche Absätze über Strukturfarben auch gut ins Kapitel über Biomineralisation passen würden, oder in den Bergbau mit Pflanzen.)

Biomineralisierte Produkte umfassen Metalle und Legierungen, Keramiken, Polymere und Verbundwerkstoffe. Barium, Kalzium, Kupfer, Eisen, Kalium, Mangan, Nickel, Blei, Strontium, Zink und Zinn sind nur einige der chemischen Elemente, die als Hydroxide, Oxide, Sulfate oder Sulfide, Karbonate oder Phosphate verarbeitet werden. Manche Organismen erzeugen Gold-, Silber-, Uran-, Palladium- und Cadmiumselenid-Nanokristalle in immer gleicher Größe, Form und damit auch Funktionalität. Der genaue Zweck, wofür Pflanzen diese Nanopartikel verwenden, ist noch nicht bekannt, aber wir wissen, dass einige Pflanzen, die als Heilpflanzen bekannt sind, eine besonders große natürliche Konzentration von biomineralisierten, metallischen Nanopartikeln aufweisen.

Was Kandiszucker und Eisen miteinander zu tun haben

Haben Sie als Kind einmal ausprobiert, wie viel Zucker man in Wasser lösen kann? Dann haben Sie vielleicht herausgefunden, dass warmes Wasser mehr Zucker löst als dieselbe Menge kaltes Wasser. Wenn die warme Zuckerlösung dann wieder auskühlt, entstehen Zuckerkristalle – so können wir selbst Kandiszucker herstellen. Dieses Ausscheiden des gelösten Zuckers aus der Lösung in Form von kristallinem Material nennt man Ausfällung. Bei biomineralischen Ausfällungs- und Oxidationsreaktionen ist es ganz ähnlich: Durch relativ einfache, chemische Prozesse werden gelöste Substanzen in ungelöste transformiert, und zwar durch den Stoffwechsel von bestimmten Organismen.

Von Spaziergängen und Wanderungen in den Bergen kennen Sie sicher Katzengold und vom Schmuck Ihrer Urgroßmutter vielleicht auch die kleinen, goldglänzenden Markasitkristalle, die viele Ringe und Anhänger schmückten. Beide Mineralien bestehen aus Eisendisulfid, allerdings in verschiedenen Kristallformen. Pyrit und Markasit werden jedoch auch von Sulfat reduzierenden Bakterien hergestellt, durch eine einfache, chemische Ausfällungsreaktion.

Schon vor 3,5 Milliarden Jahren wurden die ersten Stromatolithen (geschichtete Kalksteine) von Cyanobakterien erzeugt. Die Bakterien bilden Biofilme und sondern dabei Kalk ab. So entstehen schichtweise große steinartige Gebilde, die bis zu eineinhalb Meter Durchmesser haben können. Die Lebensbedingungen, unter denen sich Cyanobakterien wohlfühlen und Stromatolithen bilden, sind auch heute noch an einigen wenigen Stellen auf der Erde gegeben, zum Beispiel in Salz- und Sodaseen in Australien, China, dem Iran und dem Yellowstone Nationalpark in den USA.

Auch das Mineral Goethit, das aus Eisen, Sauerstoff und Wasserstoff besteht, wird von Organismen hergestellt. Eisenbakterien vom Genus *Gallionella* ernähren sich auf chemische Art und Weise, indem sie ihre Energie durch Oxidation von Eisen erhalten, wobei die eisenhaltigen Stoffwechselprodukte ganze Wasserrohre verstopfen können. Positiv gesehen können derartige Bakterien dazu verwendet werden, Eisen aus dem Wasser zu entfernen und als Ablagerung der Metallgewinnung für technische Anwendungen zur Verfügung zu stellen.

Perfekte Kristalle

Mögen Sie Speiseeis? Vielleicht mögen Sie Milcheis lieber als Wassereis, vermeiden es aber aus Angst vor den vielen Kalorien. Was hat Speiseeis mit Biomineralisation zu tun? Ganz einfach: Eis ist ein Mineral, flüssiges Wasser jedoch nicht. Und der Grund, warum Wassereis normalerweise nicht so gut schmeckt wie Milcheis, sind die relativ großen Eiskristalle, die sich im Wassereis bilden. Nun haben sehr viele Organismen Proteine, die das Wachstum von Eiskristallen in ihren Zellen kontrollieren und steuern. Zu große und zu spitze Kristalle könnten unwiderrufliche Schäden an den Zellen hervorrufen. Ziel ist also, die Kristalle klein und rund zu halten. Und genau das ist der Trick, mit dem ein findiger Forscher vom US-amerikanischen Speiseeiskonzern Häagen-Dazs viel Geld verdiente. Er untersuchte die Antifrierproteine von frostresistenten Organismen wie Algen und Fröschen und entwickelte Wassereis, das sich im Mund wie Milcheis anfühlt, jedoch eben nur die Kalorien von Wassereis aufweist – eben weil die Antifrierproteine in diesem speziellen Wassereis die Kristalle rund und klein halten.

Es gibt auch Bakterien, die Proteine produzieren, die das Einfrieren begünstigen. Auch sie finden in der Biotechnologie Verwendung: bei der Herstellung von künstlichem Schnee! Neben diesen Bakterien, die *Pseudomonas syringae* heißen, weisen verschiedene Organismen Antifrier- und Eis strukturierende Proteine auf. Mithilfe solcher Proteine können einige dieser Organismen in Temperaturen unter dem Gefrierpunkt von Wasser überleben.

Besonders interessant für die technische Anwendung ist, dass derartige Antifrierproteine in Konzentrationen wirksam sind, die 300 bis 500 Mal kleiner sind als die Konzentration von menschengemachten Frostschutzmitteln. Dies und die Tatsache, dass sie nicht giftig sind, macht sie für viele biotechnologische Anwendungen interessant.

Waren Sie schon einmal in einem tropischen Land am Meer und haben einen Schlangenstern gesehen? Diese Tierchen haben fünf Arme, und wenn Sie sich über sie beugen, schwimmen sie weg, obwohl sie keine sichtbaren Augen haben. Frau Professorin Joanna Aizenberg von der Harvard Universität untersuchte Schlangensterne und stellte fest, dass die gesamte Oberfläche mit biomineralisierten Einkristallmikrolinsen aus Kalzit bedeckt ist, das heißt, die Linsen sind aus monokristallinem Kalziumkarbonat und haben nur einige Mikrometer Durchmesser. Damit ist eigentlich die gesamte Oberfläche dieses Tieres auch ein riesiges Auge, da unter jeder Linse Fotorezeptoren sitzen, die die Bildinformation verarbeiten und die erstaunliche Sehfähigkeit ergeben. Jedes Auge schaut in eine etwas andere Richtung, deswegen hat der Schlangenstern ein riesengroßes Sichtfeld. Kalzit ist ein bekanntes Mineral, man kennt es zum Beispiel in Form von Doppelspaten. Wenn man einen solchen Kristall auf eine Zeitung oder ein

Buch legt, erscheinen alle Buchstaben doppelt, außer, wenn man den Kristall entlang einer bestimmten Achse, der sogenannten c-Achse, betrachtet. Die Augen des Schlangensterns sind nun so mineralisiert, dass ihre optische Achse entlang der c-Achse liegt.

Die Proteine, die das Wachstum des Kalzits kontrollieren, können also sogar Kristalle entlang nur einer bestimmten Richtung wachsen lassen, sie haben somit Kontrolle über die kristallografische Achse. Und das ist noch nicht alles. Es gibt in der Optik ja verschiedene Abbildungsfehler, die durch Linsen verursacht werden und die man auch aus der Fotografie kennt. Es sind dies zum Beispiel der Öffnungsfehler, der zu einem leicht verschwommenen, unscharf wirkenden Bild führt, und der Farblängsfehler, der Farbsäume am Bildrand verursacht. Die kleinen Augen des Schlangensterns korrigieren derartige Fehler mit Bravour, und das Bild, das er wahrnimmt, ist weder unscharf noch weist es Farbsäume auf. Und die Schlangensterne haben sogar noch eingebaute Sonnenbrillen, dunkle Schichten, die sich bei zu hoher Lichtintensität vor die Lichtrezeptoren schieben. Sie sind faszinierende Organismen, und dabei haben wir bisher nur ihre Augen betrachtet!

Besonders die Technik, mit der der Schlangenstern die chromatische Aberration korrigiert, könnte findige Biomimetiker sehr reich machen: Achromate von teuren

Kameras sind aus mehreren Linsen zusammengesetzt. Im Schlangenstern hat jede einzelne Linse ihren eigenen eingebauten Achromaten – und der Schlangenstern hat Abertausende von Linsen! Realisiert wird der Achromat im Kalzit durch den genauestens kontrollierten Einbau von Magnesiumionen, erzeugt von einem kleinen Organismus im tropischen Meer.

Als letztes Beispiel der perfekten Kontrolle biomineralisierter Kristalle möchte ich die Magnete von magnetotaktischen Bakterien anführen. Magnetotaktische Bakterien erzeugen magnetische Kristalle aus den Mineralien Greigit (eine chemische Verbindung aus Eisen und Schwefel) und Magnetit (eine Verbindung aus Eisen und Sauerstoff). Normalerweise entstehen diese Mineralien durch geologische Prozesse, zum Beispiel durch Erdbeben, Vulkanausbrüche oder Bewegungen der Erdkruste aufgrund der Plattentektonik – also ohne Beteiligung von Leben. Wie uns die magnetotaktischen Bakterien aber zeigen, können derartige Eisenverbindungen auch von Lebewesen erzeugt werden. Das ist außergewöhnlich und eventuell interessant für Firmen, die Magnete herstellen; hier weiß jedoch kaum jemand von einer Verbindung zwischen Bakterien und Magneten.

Die Kristalle, die von den Bakterien biomineralisiert werden, werden auch als Magnetosome bezeichnet. Erstaunlicherweise treten Magnetosome auch in Kristallstrukturen auf, die bei geologisch entstandenen Greigit- und Magnetitkristallen gänzlich unbekannt sind. Es gibt also bestimmte Formen und Strukturen dieser Eisenverbindungen, die nur unter Beteiligung von Biomineralisationsproteinen entstehen können. Am Beispiel des Kohlenstoffs sieht man, wie wichtig die Kristallstruktur, also das Anordnungsmuster der einzelnen Atome, für das jeweilige Material sein kann: Kohlenstoff in Diamantstruktur ergibt Diamant, Kohlenstoff in hexagonaler Kristallstruktur ergibt Grafit. Für die gänzlich neuen Kristallstrukturen in Magnetosomen sind die Eiweiße, die die Biomineralisation steuern, ausschlaggebend.

Hoffentlich werden wir den Beitrag von Eiweißen zur Biomineralisation bald so gut verstehen, dass wir Mineralien in Formen wachsen lassen können; Wassergläser zum Beispiel oder auch Schmuckkristalle in neuen Kristallstrukturen mit derzeit noch gänzlich unbekannten Formen wären denkbar. Wir könnten lernen, mithilfe von Proteinen Kristalle herzustellen, statt sie aus einer Schmelze zu ziehen und alle möglichen Mineralien in vielen verschiedenen gewünschten Formen und Größen wachsen zu lassen, für alle möglichen Anwendungen.

Was wir von unserem Schmuck lernen können

Verbundmaterialien nennt man Stoffe, die zwei oder mehr verschiedene Substanzen in einem neuen Material mit interessanten Eigenschaften kombinieren. Viele Biomaterialien sind Verbundstoffe. In den meisten Fällen basiert die Funktionalität des Verbundmaterials auf Strukturen im Bereich von einigen zehn bis mehreren Hundert Nanometern, wie bei Perlmutt, Knochen und Zahnschmelz, sowie Eier- und Schneckenschalen. In vielen Fällen sind die mechanischen Eigenschaften dieser Nanokomposite außergewöhnlich – wie zum Beispiel die hohe Bruchfestigkeit der Abalonemuschelschale, die das Dreitausendfache der Bruchfestigkeit eines Kalzitkristalls aufweist.

Vor einigen Jahren traf ich bei einer wissenschaftlichen Konferenz eine junge Dame mit einem wunderschönen Anhänger um den Hals. Ich sprach sie darauf an, und sie erzählte mir, dass der Anhänger die um ein Vielfaches vergrößerte Schale einer Foraminifere, eines winzigen, einzelligen Tieres sei, nachgegossen in Gold. Wie auch bei den Kieselalgen überrascht die wunderbare Formenvielfalt der Gehäuse dieser Tiere immer wieder durch ihre Schönheit, gepaart mit Funktionalität. Das Gehäuse ist meist aus Kalk, nur bei einer Gattung ist es aus Opal. Foraminiferen sind ein paar Hundert Mikrometer groß, also ein paar Zehntelmillimeter, es gibt aber auch Arten, die nur 40 Mikrometer lang sind, und manche, die bis zu zwölf Zentimeter groß werden können.

Auch Vogeleier, Perlen, Korallen und Schneckenschalen bestehen aus Kalziumkarbonat, es ist die am häufigsten biomineralisierte Substanz – ganze Bergketten wie die Kalkalpen entstanden aus den Überbleibseln von verschiedenen Pflanzen und Tieren. Im lebenden Organismus dient die harte, widerstandsfähige Struktur als mechanischer Schutz für den weichen Körper der Tiere. Das Wort Karbonat weist auf Kohlenstoff hin: In all diesen Organismen (und auch in den Bergketten, die schlussendlich daraus entstehen können) wird Kohlenstoff gespeichert, manchmal für Millionen Jahre. Man spricht deswegen auch von Kohlenstoffsenken. Aber nicht nur als ungefährlicher Speicher für Kohlenstoff ist Kalziumkarbonat interessant. Es ist ein Material, das relativ einfach hergestellt werden kann, in verschiedensten funktionalen Formen.

Die Biomimetik kann vielseitig davon lernen: Zum einen die chemischen Grundlagen der Biomineralisation von Kalziumkarbonat aber auch die vielen verschiedenen Formen, Größen und Strukturen geben uns einen Einblick in die gestalterischen Möglichkeiten. Ein genaues Studium der grundlegenden Prozesse der Biomineralisation der funktionalen Kalziumkarbonatstrukturen kann den Weg für menschengemachte, programmierbare Strukturen öffnen, die man gezielt wachsen lassen kann. Stellen Sie sich eine Brücke vor, nicht aus Beton und Metall, sondern gewachsen aus Kalziumkarbonat, als funktionale Struktur, die wir Menschen verwenden können. Irgendwann können wir vielleicht sogar ganze Maschinen wachsen lassen, wie der Titel dieses Buches schon andeutet – keinesfalls sind damit Organismen gemeint, denn diese sind alles andere als Maschinen.

Perlen werden wegen ihres schönen Lüsters, also der Brillanz ihrer Oberfläche und ihrer Fähigkeit, Licht zu reflektieren, seit Tausenden von Jahren geschätzt und geliebt. Sie entstehen in Muscheln oder auch vereinzelt in Schnecken, wenn die Tiere durch einen Fremdkörper irritiert werden und um ihn herum schichtweise Kalziumkarbonat biomineralisieren. Da die Dicke der einzelnen Schichten im Bereich von einigen Hundert Nanometern liegt, entstehen schöne, schillernde und irisierende Farben. Ähnlich ist auch Perlmutt aufgebaut, es ist ein Bioverbundwerkstoff aus 5% Proteinen und 95% Kalziumkarbonat, allerdings ist die Kristallstruktur hier anders.

Auch Seeigel biomineralisieren Kalziumkarbonat in ihren Schalen, Zähnen und Stacheln. Die Stachel können bis zu zehn Zentimeter lang werden, und ihre Härte ist um ein Vielfaches höher als bei reinem Kalziumkarbonat.

Die Zähne der Seeigel sind sogar Einkristalle aus Kalziumkarbonat, allerdings mit einer Myriade von implantierten Verstärkungs- und Härtungsmechanismen.

In Korallen biomineralisieren kleine, empfindliche Organismen, Polypen, mit der Hilfe von Algen, mit denen sie in Symbiose leben, ein Exoskelett aus Kalizumkarbonat. Dabei konsumieren sie Kohlendioxid und lagern Kalziumkarbonat ab.

Die Natur erzeugt derart komplexe Verbundmaterialien mit Leichtigkeit, wir Menschen tun uns noch sehr schwer, selbst die einfachsten dieser Materialien nachzubauen. Die Schale einer Muschel mit all ihren faszinierenden mechanischen Eigenschaften (Bruchfestigkeit, Schiller, entsteht bei Raumtemperatur) kann man derzeit nicht nachbauen. Dabei wäre es wunderbar, wenn wir zum Beispiel Häuser oder Brücken im Meer wachsen lassen könnten, so strukturiert, wie wir uns Häuser und Brücken vorstellen, und das Treibhausgas Kohlendioxid würde dabei auch noch konsumiert. Derzeit ist Beton, der noch immer vielfältige Anwendungen findet, für mehr als 10% des vom Menschen verursachten Kohlendioxidausstoßes zuständig – das ist mehr als die Emissionen durch den weltweiten Flugverkehr! Jede Tonne Beton verursacht rund 100 Kilogramm CO_2-Müll, und zwar bei der Herstellung des benötigten Zements, bei der die Ausgangsstoffe auf beinahe 1500 Grad Celsius erhitzt werden müssen, um aus Kalkstein Kalziumoxid zu gewinnen. Stellen Sie sich vor, welche Veränderung eine derart revolutionäre Art zu bauen, bei der CO_2 konsumiert statt emittiert wird, bringen würde: Je mehr wir bauen, desto mehr Treibhausgas würde aus der Atmosphäre entfernt, anstatt dessen Konzentration ansteigen und ansteigen zu lassen, mit all den Folgen, mit denen wir derzeit zu kämpfen haben.

Schwämme, die sich mit meterlangen Glasstäben im Boden verankern

Im sibirischen Baikalsee gibt es einen Glasschwamm namens *Monorhaphis chuni*, der im Laufe von Tausenden von Jahren einen Glasstab biomineralisiert, der bis zu drei Meter lang wird, bis zu acht Millimeter Durchmesser hat und mit dem er sich mechanisch im Boden fixiert. Im Gegensatz zu vom Menschen erzeugtem Glas ist dieser Stab hochelastisch und äußerst widerstandsfähig.

Es gibt circa 500 Arten von Glasschwämmen; das sind sieben Prozent aller Schwämme, die man derzeit kennt. Sie erzeugen stern-, nadel- oder widerhakenförmige Strukturen, die sie unter anderem auch vor Fressfeinden schützen. In einer einzigen Art können bis zu 20 verschiedene Formen allein von den nadelartigen Strukturen auftreten. Glasschwämme können bis zu zwei Meter Durchmesser erreichen, in der Antarktis stellen die Überbleibsel von toten Exemplaren eine wichtige ökologische Nische dar: Die glaswolleartige Schicht kann mehrere Meter hoch sein und bietet Lebensraum für viele Tiere. Glaserzeugung im bitterkalten Wasser der Antarktis – einige Glasschwämme meistern diese Herausforderung mit Bravour. Wenn wir Menschen Glas erzeugen, brauchen wir Temperaturen von weit über 1000 Grad Celsius. Reiner Quarzsand schmilzt zum Beispiel erst bei 1723 Grad Celsius. Wir senken die notwendige Temperatur bei der Glaserzeugung durch die Zugabe von Chemikalien wie Soda auf immer noch einige Hundert Grad, Glasschwämme biomineralisieren Glas selbst im Polarmeer, bei Wassertemperaturen unter dem Gefrierpunkt des Wassers (Salzwasser ist nämlich bei null Grad Celsius noch immer flüssig, deshalb streuen wir auch im Winter Salz auf die Straßen und Gehwege). So könnten Glasschwämme unsere Lehrer sein, wie wir unsere Glaserzeugung völlig umstellen und unter Raumtemperatur (oder kälter) funktionale Glasstrukturen erzeugen können, in einer Vielfalt von Formen, die alle für verschiedenste technische Anwendungen Verwendung finden könnten.

Ein wunderschöner Glasschwamm ist der Venusblütenkorb, *Euplectella aspergillum*, auch (weniger romantisch) als Gießkannenschwamm bekannt. Die einzelnen Fasern sind nicht dicker als ein menschliches Haar, auf kunstvolle Art, wie geklöppelte Spitze, miteinander verwoben, und bilden ein circa zwölf Zentimeter langes, leicht gekrümmtes Rohr. In Japan schenkt man derartige Glasschwämme mit einem Garnelenpaar als Bewohner gern als Hochzeitsgeschenk: Wenn der Schwamm klein ist, schwimmen die Garnelen hinein, wenn er weiterwächst, sind die Garnelen in ihm gefangen und können nicht mehr hinaus. Garnelenkinder sind klein genug, um durch die Löcher durchzuschwimmen – sie suchen sich dann, wenn sie groß genug sind, einen eigenen Glasschwamm mit ihren jeweiligen Liebsten. Futter bekommt das eingesperrte Paar genug, da Mikroorganismen durch den Schwamm hindurchgelangen, durch die lochartige Glasstruktur sind sie aber vor Fressfeinden geschützt. Die Japaner schenken den Glasschwamm als Zeichen von Liebe, Hingabe und gegenseitiger Verantwortung.

Joanna Aizenberg, die auch schon schöne Arbeiten über die Biomineralisation des Schlangensterns veröffentlichte (siehe den Abschnitt über perfekt kristallisierte Materialien ab Seite 157), hat auch über den Venusblütenkorb publiziert und seine Glasfasereigenschaften und hierarchischen Ebenen beschrieben, die vom Nano- bis zum Makrolevel auftreten und ihm außergewöhnliche mechanische Eigenschaften verleihen. Glasfasern finden derzeit vielfältige Verwendung, unter anderem als Kabel zur Datenübertragung, ihre Erzeugung ist aber energieintensiv und teuer. Welch eine Änderung wäre es, wenn wir unsere Internetkabel im See wachsen lassen könnten, und während des Wachstums stellten sie auch noch einen Lebensraum für Seeorganismen dar.

Radiolarien, Strahlentierchen, wurden durch Haeckels wunderbares Buch *Kunstformen der Natur* weithin bekannt, und sie verzaubern mich, seit ich sie das erste Mal im Biologieunterricht gesehen habe. Die meisten Radiolarien bilden strahlenförmige Innen- und Außenskelette aus Opal, eine Art, die *Acantharea*, bildet ihre Stacheln sogar aus Strontiumsulfat. Der Strontiumgehalt des Meerwassers liegt bei 0,00794 Gramm pro Kilogramm, das heißt ein 125 000stel der Masse des Meerwassers ist Strontium – dennoch können die Radiolarien dieses Metall aus dem Wasser gewinnen und sich davon ihre Skelette bauen. Was könnten wir von ihnen lernen – Metallgewinnung aus dem Meerwasser und das Züchten von metallischen Strukturen in der Hafenbucht sind nur zwei Beispiele, die mir spontan dazu einfallen.

Kieselalgen (Diatomeen) sind einzellige Algen, die im Süß- oder Salzwasser und auf feuchten Oberflächen leben. Sie biomineralisieren unter Umgebungsbedingungen Schalenteile (genannt Frusteln und Gürtelbänder) aus hartem, widerstandfähigem und zähem hydratisiertem Siliziumdioxid. Die Frusteln und Gürtelbänder sind nanostrukturiert und oft von außergewöhnlicher Schönheit. Manchmal sind einzelne Zellen durch Gelenke und andere mechanische Verbindungen aneinandergekoppelt und können dadurch dreidimensionale, menschengemachte Mikro- und Nanomaschinen inspirieren. Kieselalgenschalen von Organismen, die vor Urzeiten gelebt haben, lagern sich als Kieselgur ab, manchmal sind die Schichten einige Meter dick. Kieselgur (Diatomeenerde) wird wegen ihrer großen Porendichte als Filtermaterial verwendet, zum Beispiel bei der Bier- und Apfelsaftherstellung, oder zur Erzeugung von Dynamit (hohe Porendichte bedingt auch sehr hohe Oberfläche, Dynamit ist in Kieselgur aufgesaugtes Nitroglyzerin).

Harte Knochen aus Edelstein und Eiweiß

Den Apatit kennt man als wunderschönen bunten Edelstein. Er hat allerdings nur die Mohs'sche Härte fünf (das heißt, er ist mit dem Taschenmesser ritzbar) und wird deswegen nur für Anhänger und Ohrringe verwendet – in Armbändern oder Ringen würde er zu leicht zerkratzen und trüb werden. Selbst Edelopal, der als empfindlicher, nicht sonderlich harter Edelstein bekannt ist, ist härter. Der im Knochen und im Zahnschmelz vorkommende biomineralisierte Hydroxylapatit jedoch weist mechanische Eigenschaften auf, die denen der geologisch entstandenen Edelsteinkristalle um ein Vielfaches überlegen sind. Menschliche und tierische Knochen bestehen zu ungefähr 65% aus anorganischen Komponenten, hauptsächlich Hydroxylapatit, und zu 35% aus organischem Anteil, hauptsächlich Eiweiß. Der anorganische Anteil stellt vor allem Druckfestigkeit sicher, der organische Anteil ist für die hohe Zugfestigkeit der Knochen entscheidend. Weitere wichtige Bestandteile sind Fette und Proteine. Die Festigkeitseigenschaften von Knochen werden durch den intelligenten Aufbau erreicht: Hydroxylapatitkristalle ordnen sich hauptsächlich entlang der Achsen von Zug- und Druckspannungen an und ergeben ein strebenartiges Arrangement. Ganz besonders eindrucksvoll und schön ist diese Struktur in den leichten Knochen von Zugvögeln. Knochen sind von der Nanometerskala bis in den Makrobereich in vielen hierarchischen Ebenen strukturiert. Auf jeder Ebene kommen zusätzliche Funktionalitäten dazu und ergeben in Gesamtheit Knochen, stark, widerstandsfähig und doch leichtgewichtig.

Aminosäuren mit der Größe von circa einem Nanometer bilden Tropokollagene; das sind Strukturproteine, die etwa 300 Nanometer groß sind. Diese ordnen sich regelmäßig in mineralisierten Kollagenfasern an; die funktionalen Einheiten sind nun schon etwa einen

Millimeter groß. Diese mineralisierten Fasern bilden eine weitere, geordnete Struktur, genannt Fibrillenfelder, mit funktionalen Einheiten von etwa einem Zentimeter. Die Fibrillenfelder bilden Fibrillenmuster, diese befinden sich dann in zylindrischen Strukturen im kompakten Knochen, die als Osteonen und Havers'sche Kanäle bekannt sind. In einem Röhrenknochen gibt es kompakte Knochen und die Knochenbälkchen.

Eine derartige Vielzahl von Hierarchieebenen mit zusätzlichen Funktionen auf jeder Ebene findet man in vielen biomineralisierten Strukturen, jedoch noch nicht sehr häufig in technischen Konstruktionen. Es ist derzeit einfach noch viel zu schwierig, hierarchische Materialien herzustellen.

Einer der großen Träume der Medizin ist, Knochen mit all ihren überragenden mechanischen und strukturellen Eigenschaften im Labor wachsen zu lassen. Derzeit verwendete Materialien, zum Beispiel Metalle bei Implantaten, unterscheiden sich in ihren mechanischen Eigenschaften noch immer zu sehr vom Knochenmaterial und erzeugen so potenzielle Bruchstellen, die man durch gewachsene Knochen vermeiden könnte. Das wäre zum Beispiel ein Labsal für alle Menschen, die ein Hüftimplantat haben und sich vor jedem Sturz fürchten müssen.

Ein außergewöhnliches Beispiel: Strontiumbiomineralisation in Meeresorganismen

Strontium ist ein Erdalkalimetall, das natürlich in den Mineralien Coelestin und Strontianit vorkommt. Dieses Metall liefert das Rot bei Feuerwerken und ist ein wichtiger Bestandteil von Anstrichen und Plastik, das im Dunklen leuchtet, außerdem wird es bei der Magneterzeugung und in der Medizin verwendet. Derzeit wird Strontium industriell bei Temperaturen von über 1000 Grad Celsius aus Mineralien gewonnen, es gibt aber einige Organismen, die die beiden Mineralien biomineralisieren: Coelestin und Strontianit werden von Radiolarien, einigen Schnecken, Acantharea, einigen Algen, und den Formaminiferen *Rosalina leei* und *Spiroloculina hyaline* hergestellt – und zwar unter Umgebungsbedingungen.

Über den Lebenszyklus der Acantharea ist nur wenig bekannt. Diese 0,05 bis 5 Millimeter kleinen, einzelligen Tiere leben im Meer und es gibt nur wenige Fossilien, da Strontiumsulfat, das Material, aus dem sie ihr Skelett biomineralisieren, wasserlöslich ist. Die lebenden Tiere müssen also kontinuierlich Strontium aufnehmen, damit sie sich nicht auflösen; es ist bisher noch nicht gelungen, die Tiere im Labor zu züchten oder länger zu halten. Acantharea sind auch als Strahlentierchen bekannt. Sie haben Stacheln aus Strontiumsulfat-Einkristallen, die mathematisch regelmäßig angeordnet sind, normalerweise 20, manche Arten haben nur zehn. Die Acantharea sind sehr wichtig im globalen Strontiumkreislauf, da sich ihr Skelett bei Wassertiefen über 900 Meter auflöst und das chemische Element damit wieder zur Verfügung steht – es entsteht ein Strontiumkreislauf, also ein Stoffzyklus, in dem chemische Substanzen sich durch lebende und nicht lebende Teile der Erde bewegen und schließlich, manchmal nach Millionen von Jahren, wieder am Ausgangspunkt angelangen.

Ich finde es faszinierend und berührend, dass wir derart fragile, wunderschöne, mathematisch exakte kleine Kunstwerke als Lebewesen in unseren Meeren haben. Sie zeigen mir, wie schützenswert dieser Bereich ist, wie verspielt das Leben manchmal ist, und welch außergewöhnliche chemische Elemente vom Leben mit Sinn versehen werden. Ein grundlegendes Verständnis der Biomineralisation von Strontium könnte außerdem dazu führen, dieses wichtige Nischenmetall umweltfreundlicher zu erhalten als durch die derzeit verwendeten Methoden.

Proteine in der Biomineralisation

Die Rolle von Proteinen in der Biomineralisation ist komplex und derzeit noch schwer in ihrer Gesamtwirkung zu verstehen. Durch Proteine kann man Kristallstrukturen herstellen, die in der anorganischen Chemie völlig unbekannt sind. Sie erlauben die Strukturierung des Biomaterials und die Veränderung von mechanischen Eigenschaften um viele Größenordnungen, wie etwa die Bruchfestigkeit von einigen Muschelschalen zeigt, die um das 1000-fache höher ist als im Kalzitkristall. Sie können Kristallwachstum starten und stoppen, und sie können Kristalle entlang bestimmter kristallografischer Achsen wachsen lassen. Sie sind die Zeichner mit dem feinsten Pinsel. Sie erlauben Glasherstellung unter Umgebungsbedingungen, Magnetherstellung im kalten Wasser. Sie erlauben Biomaterialien mit vielen hierarchischen Ebenen. Sie sind herausfordernd, geheimnisvoll und spannend.

Ich glaube, je mehr wir von Proteinen und dem Material-Struktur-Funktionszusammenhang verstehen, desto näher kommen wir einer völlig neuen Art, Dinge zu tun. Ein erster Schritt wird Biotechnologie sein, doch ich glaube nicht, dass es das Ziel sein sollte, Lebewesen für unsere menschlichen Bedürfnisse auszunützen. Ich denke, Biomimetik wird schlussendlich das Zepter übernehmen, und wir werden so etwas wie programmierbare Materialien herstellen, Häuser, die sich selbst bauen, Transporter, die von Sonnenlicht gespeist werden und am Ende als Futter und Dünger dienen.

Die Rolle von Proteinen in der Biomineralisation ist vielfältig: Sie verhindern spontane Mineralienausfällung aus der Lösung. Das Protein Statherin im Mund verhindert zum Beispiel, dass das in hoher Konzentration im Speichel vorhandene Kalziumphosphat ausgefällt wird. Ohne dieses Protein hätten wir andauernd feinen Mineralgries im Mund. Darüber hinaus hindern manche Proteine schon existierende Kristalle daran, weiterzuwachsen. Manche Proteine steuern die Kristallisationskeimung, die Kristallphase, -morphologie und -wachstumsdynamik. Die Form von biomineralisierten Kristallen wie zum Beispiel den Magnetosomen in magnetotaktischen Bakterien wird durch Proteine mit bestimmten Strukturen und Sequenzen mitbestimmt. Diese lagern sich an die verschiedenen Kristallebenen der wachsenden Kriställchen, an denen die molekulare Struktur und die Oberflächenladungen jeweils ein bisschen anders sind, an. Proteine können sich auch in geordneten Mustern anordnen und dadurch die Formation von organisierten mineralisierten Strukturen lenken. Einige Proteine stellen aktive organische Matrizen zur Verfügung, die die Formierung von spezifischen mineralischen Strukturen kontrollieren. Andere agieren als Katalysatoren, die die Kristallisation von bestimmten Metallionen forcieren.

Proteine tragen weiter zu den außerordentlichen mechanischen, optischen und weiteren Eigenschaften der biomineralisierten Materialien und Strukturen bei. Die drei Polymere, die hauptverantwortlich sind für

Strukturierung und Stützfunktionen, sind Chitin, Zellulose und Kollagen. Sie scheinen als universelle Vorlage oder Schablone zu dienen. Alle drei weisen gemeinsame Eigenschaften in ihrer Organisation auf: Ihre Nanofibrillen haben einen Durchmesser von etwa anderthalb bis zwei Nanometer. Sie können sich selbst organisieren, produzieren fibrillare und faserartige Strukturen mit hierarchischer Organisation von der Nano- bis zur Makroebene, können als Gerüste dienen und als Vorlagen für die Biomineralisation, und sie formen rigide Skelettstrukturen.

Umweltfreundliche und nachhaltige Materialien und Strukturen durch Biomimetik

»Algen machen Glas und Bakterien erzeugen Magnete« – unter diesem Titel hielt ich meinen ersten Vortrag beim Europäischen Forum Alpbach. Sie können sich nach der Lektüre der letzten Kapitel selbst ausmalen, welche weitreichenden Folgen kontrollierte Biomineralisation in biomimetischen Anwendungen haben könnte. Wir könnten nicht nur Materialien umweltfreundlich und lokal gewinnen, sondern ihnen auch gleichzeitig Form und funktionale Struktur verleihen. Die Materialien können so gebaut werden, dass sie nur so lang funktional sind, wie sie gebraucht werden. Ein neues Telefon, ein neuer Computer oder andere Gadgets müssten nicht laufend neu gekauft werden, sondern könnten sich aus den Grundmaterialien der alten Geräte neu aufbauen. Aus dem Computer wird eine Waschmaschine wird ein Transporter.

Die belebte Natur kann uns so vieles lehren, und diese und ihre Methoden zu berücksichtigen, sollte integraler Bestandteil der Denkprozesse sein, wie man nachhaltig und umweltfreundlich (nicht nur umweltneutral) Materialien produziert.

Eine derartig neue Art zu forschen, zu denken und Ergebnisse in die Realität umzusetzen, erfordert jedoch eine besondere Denkumgebung, die ich im folgenden Kapitel beschreiben möchte.

9 Innovision

Immer wieder hört man heute das Wort Innovation. Es geht um Neues, Besseres, Schnelleres, Billigeres, Kleineres, Größeres ... So sehr ich mich für Neues und Unbekanntes interessiere und es spannend finde, denke ich doch, dass viele Entwicklungen, die als Innovationen bezeichnet werden, nur kleine, bruchstückhafte Verbesserungen darstellen und in den meisten Fällen nur entlang einiger weniger Parameter optimiert sind. Innovation ist nun mal hip! Dieser Innovationswahn führt jedoch dazu, dass wir – obwohl wir uns in einem sich ständig erneuernden Umfeld wähnen – uns in einem sich technisch kaum erneuernden System befinden. Ich möchte in diesem Zusammenhang deshalb das Wort »Innovision" etablieren. Ich bezeichne damit das Schaffen einer Denkumgebung, die Voraussetzung ist, um Instrumente für Lösungen zu schaffen. Dieses Wort umfasst also viel mehr als Innovation.

Ich habe bereits mehrfach darauf hingewiesen, wie wichtig eine Forschungsumgebung ist, die ein Fliegen des Geistes erlaubt, sodass Neues entstehen kann. Gedanken in diese Richtung mache ich mir schon seit meiner Studienzeit, in der ich unter anderem in der Studentenvertretung aktiv war. Folgend ein Ausschnitt aus meiner Abschlussrede, die ich im Juni 1995 als Vertreterin der Absolventen und Absolventinnen der Studien der Technischen Physik und des Lehramtes hielt:

Absolventen, wie ich sie mir wünsche, können nur in einem ganz bestimmten Klima reifen. Allzu große Verschulung und zu einseitige Ausbildung sind leider sehr geeignet, in jungen Menschen die Freude an ihrem Studium und die Neugierde am Unerforschten, am Neuen im Keim zu ersticken. Und gerade deswegen habe ich große Skepsis vor der möglichen weiteren Entwicklung unserer Universitäten. Es wird nämlich eine sogenannte Management-Universität gefordert, eine Universität, die ihre Studenten nach betriebswirtschaftlichen Grundsätzen ausbildet.
Immer wieder hört man folgende Argumentation: Lehrinhalte, die nicht direkt für die Wirtschaft verwertbar sind, seien uninteressant und verlängerten nur unnötig die Studienzeit. Meiner Meinung nach bleibt bei dieser Sichtweise etwas sehr Wichtiges auf der Strecke: Neugierde und Begeisterung kann man einfach nicht in Schubladen zwängen. Nicht alles ist auf den ersten Blick wirtschaftlich zu verwerten, und es besteht die große Gefahr, dass bei einer Eingrenzung der Lehre und For-

schung auf sogenannte »sinnvolle« Bereiche der wichtige Blick aufs große Ganze verloren geht.
Schon evolutionäre Entwicklungen in der Natur zeigen uns, dass allzu große Spezialisierung vielleicht kurzzeitig Vorteile bringt, langfristig jedoch zum Aussterben führt.
Bewahren wir der Lehre und Forschung ihre Freiheit! Auch wir als Absolventen können dazu etwas beitragen: Viele von uns werden früher oder später Entscheidungsträger sein. Draußen in der Welt, im Berufsleben, wird es also auch an uns liegen, mitzuentscheiden, welche Art von Absolventen die Universitäten in Zukunft verlassen: Die geforderten Scheuklappenspezialisten, die streng nach Plan ein verschultes Studium abgearbeitet haben und die zwar in ihrem Fach recht gut sein mögen, aber denen einfach der Blick ein paar Zentimeter zur Seite fehlt. Oder aber wir wünschen uns als Mitarbeiter umfassend gebildete Allrounder, die schon im Laufe ihres Studiums die Möglichkeit hatten, die Dinge von sehr vielen, auch unkonventionellen Blickwinkeln betrachten zu dürfen. Ich bin für die zweite Möglichkeit!

In der heutigen Wissenschaft fokussieren sich die Studenten schon sehr früh auf ein bestimmtes Fachgebiet. Im Rahmen der forschungsgeleiteten Lehre, in der Weltklasseforscher mit Studenten gemeinsam an hochaktuellen, spannenden Fragestellungen arbeiten, sind schon Masterstudenten am Puls der Zeit in der Forschung. Das ist auf der einen Seite sehr spannend, aber auf der anderen Seite auch eher nicht so vorteilhaft, da für die allgemeine breite Bildung der Studenten in ihrem Studienfach immer weniger Zeit bleibt. Gerade die Bionik braucht vielseitig interessierte und gebildete Allrounder, um zu ihren wahren Höhen aufzusteigen. Andernfalls sind die Entwicklungen vielleicht kleiner, kompakter, billiger – aber nicht wirklich besser.

Die Denkumgebung, die ich fordere, ist zum Beispiel bei meinen Expeditionen mit einem interdisziplinären Team tief im Regenwald gegeben, wo es keinen Telefonempfang gibt und kein Internet, wo die Leute miteinander reden, nicht gezwungenermaßen, sondern weil es ihnen Spaß macht.

Genau schauen

Gerade wenn man einen Lehrmeister hat, der zwar zu einem spricht, aber eben in einer anderen, subtileren Sprache, ist es wichtig, genau hinzuhören, um nicht wichtige Nuancen zu übersehen.

Schon als kleines Mädchen waren Tiere und Pflanzen meine Lehrmeister. Ich erinnere mich an stundenlange Streifzüge mit meinem Kater Fifi durch die Gärten und Gartenhütten in Kindbergdörfl in der Steiermark, wo ich aufwuchs. Die Volksschule war fein, und ich genoss es, Neues zu lernen. Am liebsten allerdings mochte ich es, wenn Fifi mich mitnahm auf seine Wanderungen. Wir verließen unseren Garten, und der Kater zeigte mir seine Welt. Stundenlang saß ich mit ihm vor Mäuselöchern und wir sonnten uns im warmen Schein der Herbstsonne. Er sprach mit mir in seiner Sprache und ich lernte zu verstehen. Vieles habe ich von meinem Kater gelernt.

Das genaue Schauen habe ich nie mehr verlernt. Und es bescherte mir eines der schönsten Komplimente, die ich je erhielt: »Und übrigens – Sie verstehen japanisch.«

Im Sommer 2003 war ich zu Besuch bei einem Freund in Deutschland. Im Zimmer hing ein wunderschönes Poster der Zeitschrift *GEO* mit Lebewesen aus dem ewigen Dunkel der Tiefsee. Es zeigte die Bewohner der sogenannten Schwarzen Raucher, das sind die hydrothermalen Quellen am Grunde des Meeres in 3500 Meter Tiefe. Detailreich war die damals bekannte Fauna und Flora in diesem gerade neu entdeckten Lebensraum gezeichnet: Röhrenwürmer, Muscheln und Schnecken. Die Schneckenhäuser am Poster waren linksdrehend und ich wunderte mich. Die meisten Schneckenhäuser auf dieser Welt sind nämlich rechtsdrehend – eine Ausnahme waren meine Wiener Wasserschnecken, die ich damals nach Kalifornien mitnahm. Diese Art ist »andersherum«. Wenn wir der

Windung von der Spitze zur Basis hin folgen, drehen sich die meisten Schneckenhäuser mit dem Uhrzeigersinn. Bei den Weinbergschnecken weiß man sogar das ungefähre Verhältnis zwischen rechts- und linksdrehenden Häusern: Nur etwa eines von 10 000 bis circa eines von 1 000 000 dreht sich andersrum. Diese werden als »Schneckenkönige« bezeichnet. Diese Zahlen weiß man deshalb, weil die Franzosen – die ja begeisterte Schneckenesser sind – Maschinen haben, die die Schnecken aus dem Haus pulen. Und einmal so ungefähr alle 10 000 bis 1 000 000 Schnecken macht es »Kkkrrrxxx«, weil ein Schneckenkönig in die Maschine gerät und, da sein Haus in die andere Richtung gewunden ist, zerstört wird.

Sind die Schneckenhäuser dort unten in der Tiefsee alle andersrum?, fragte ich mich. Zu meiner Freude stand auf der Zeichnung die Art dabei: *Alviniconcha hessleri* hießen sie, die kleinen, schönen, so tief unten Lebenden.

Ich machte eine Internetsuche und kam zu einer japanischen Seite, die genau dieselbe Ansicht zeigte wie das Poster. Allerdings nicht gezeichnet, sondern fotografiert. Die Freude war groß – ich hatte das Original gefunden. Alle Schnecken auf dem Foto waren linksdrehend. Ich schrieb dem Fotografen eine E-Mail, und erhielt die Antwort, dass ich ein sehr sorgfältiger Mensch sei. Ja, das Foto sei gespiegelt, der Fehler sei passiert, als das Dia eingescannt wurde. Noch nie habe ihn jemand auf diesen Fehler aufmerksam gemacht, und er werde das Foto richtigstellen. Der letzte Satz seiner E-Mail war: »Und übrigens – Sie verstehen japanisch.« Der gute Kurator der Invertebratenabteilung des Naturwissenschaftsmuseums von Tokio zeigte mir damit, wie sehr er meine Art genau zu beobachten schätzte. Ich freute mich – denn japanisch verstand ich nicht. Aber dass ich soeben eines der schönsten Komplimente bekommen hatte, verstand ich sehr wohl.

Ganz angegilbt hängt die viele Jahre alte E-Mail aus Japan heute immer noch an unserem Kühlschrank. Danke, Dr. Tsunemi-san!

Sich Zeit lassen – und nicht zu früh googeln!

Gerade in unserer heutigen Gesellschaft, in der alles schneller, billiger, größer (oder kleiner) sein muss, ist es gut, wenn man sich hin und wieder Zeit nimmt. Zeit zum Schauen, Nachdenken, Lernen, Verknüpfen. In Muße und Ruhe, ohne Stress und Druck, wenigstens für einige Wochen im Jahr. Ich versuche, das selbst zu leben und auch meine Studentinnen und Studenten zu lehren. Denn wenn man sich Zeit lässt, können Dinge reifen, Gedanken sprießen und sich entwickeln, die im Alltagstrubel leicht untergehen. Gedanken, die sehr wichtig sein und viel Positives leisten könnten. Nach einer solchen Zeit der Muße lese ich viel, schreibe ich viel, diskutiere ich viel. Und es entsteht Neues.

Als ich 2014 eingeladen wurde, bei einer asienweiten Konferenz für hochbegabte Kinder einen Vortrag über meinen Werdegang zu halten, erwähnte ich drei wichtige Stationen meines Lebens als Forscherin, allesamt aus dem Kindesalter. Gekennzeichnet wurden sie durch Moskitolarven, Regenwürmer und Kaulquappen.

Mein Vater hatte eine metallische Regentonne im Garten, die innen sehr verrostet war. Im gesammelten Regenwasser tummelten sich wunderschöne, kleine Tiere, die Gestaltwandler waren, wie ich bald herausfand: Ich tat einige davon in ein Glas, und nach einiger Zeit verwandelten sich die »Rostviecherln«, wie ich sie nannte (weil ich dachte, sie ernährten sich vom Rost aus der Tonne), in Zirkusläufer. Und dann waren sie auf einmal verschwunden und nur ein abgeschältes Stückchen Haut pro Tierchen war im Wasser zu sehen. Die Rostviecherln waren wunderschön, mit großen Augen und beweglichen Teilen am Kopf, mit denen sie Nahrung aus dem Wasser filterten, und einem »Luftholrohr« am Ende ihres Körpers, durch das sie an der Oberfläche des Wassers hängend Luft aufnahmen. Ich liebte sie. Eines Tages zeigte ich meine Tierchen meinen Eltern, und das einzige, was ich hörte, war: »Leer das Wasser aus, das sind Stechmückenlarven, die musst du töten!« Ich leerte das Wasser auf dem Betonboden aus. Die zuckenden Todeskämpfe der kleinen Tiere werde ich nie vergessen. Und dennoch liebe ich sie noch immer, man kann eben von allem lernen.

Durch mein kläglich gescheitertes Regenwurmparadies lernte ich die Wichtigkeit eines Ökosystems und den Unterschied zwischen gut und gut gemeint: Ich war unter zehn und liebte Regenwürmer. Ich wollte ihnen den besten Platz zum Leben schaffen und nahm eine Plastikplane, etwa einen Quadratmeter groß, tat Erde darauf, pflanzte ein paar Pflanzen und legte viele, viele Regenwürmer dazu. Die Sonne brannte darauf, die Erde trocknete aus, die Pflanzen verdorrten, das Gras unter der Plastikplane wurde gelb, ich musste sie alle paar Tage im Garten verschieben. Mein Regenwurmparadies scheiterte kläglich. Ich hatte viele wichtige Parameter nicht bedacht und viele Zusammenhänge nicht beachtet. Schon sehr früh lernte ich dadurch die Wichtigkeit systemischen Denkens: Man kann zwar Einzelteile betrachten und optimieren, aber ein Gesamtsystem kann man nur dadurch verbessern, dass man die Einzelteile und ihre Interaktionen, Abhängigkeiten und Verbindungen versteht.

Ähnlich verhielt es sich mit meinen Kaulquappen. Ich holte sie aus einem Teich und dachte, im Glas wären sie sicherer, weil dort keine Fressfeinde vorhanden waren. Ich stellte das große Gurkenglas in den Schatten, dann fuhren wir eines Tages für einige Stunden weg. Als wir zurückkamen, waren alle Kaulquappen im Glas tot und das Wasser siedend heiß (die Erde hatte sich weitergedreht, und das Glas war längere Zeit direkter Sonnenbestrahlung ausgesetzt gewesen), während im Teich noch immer die meisten Kaulquappen am Leben waren.

Diese drei Ereignisse haben mich maßgeblich beeinflusst. Mich und meine Art, Wissenschaft zu machen, über Wissenschaft nachzudenken und über unsere Interaktion mit unserer Umwelt.

Das Konzept des 3D-Tourismus

Ein Beispiel für angewandte Innovision ist das 3D-Geschäftstourismusmodell, das ich vor einigen Jahren mit einigen Kolleginnen und Kollegen entworfen habe. 3D steht in diesem Modell nicht für dreidimensional, sondern für die drei D der Anfangsbuchstaben in der englischen Erläuterung dieses Fachgebiets: *discover, determine, design*, also: entdecken, bestimmen und designen. Es geht in diesem Fachgebiet um Innovision in den Nanomaterial-Ingenieurswissenschaften, und zwar auf allen Ebenen: von der ursprünglichen Inspiration bis zum fertigen Prototyp. 3D-Tourismus ist ein Nischengeschäftstourismus, der darauf basiert, dass Designer im Regenwald in einer kreativen Atmosphäre gemeinsam mit Ingenieuren, Biologen und naturverbunden lebenden Stämmen neue funktionale Nanomaterialien entwickeln.

Ökosysteme stellen ein gewaltiges Innovationspotenzial dar, das durch 3D-Tourismus in die Gesellschaft, die nach Lösungen verlangt, transferiert werden kann. Es geht also darum, von Ökosystemen für die Gesellschaft zu lernen. In einem dreistufigen Prozess, vom Entdecken über Bestimmen bis zum Designen, führt das Innovationspotenzial der belebten Natur zu nachhaltigen Lösungen.

Nachdem ich eine Methode der problembasierten Bionik, die *Biomimicry Inspiration Method*, in verschiedensten Expeditionen am Amazonas, in Costa Rica und Malaysia erfolgreich erlernt und angewandt hatte, ging ich einen Schritt weiter und entwickelte das 3D-Nischentourismuskonzept, das Wissenschaftler und Wissenschaftlerinnen aus dem Ausland mit malaysischen Spezialisten zusammenbrachte.

Natürliche Materialien zeigen auf verschiedenen Hierarchieebenen komplexe Eigenschaften, von der Nano- über die Mikroskala bis in unsere Makrowelt. Jedes Nanomaterial verfügt über eine interne Struktur auf der Nanoskala, die sehr oft in Kombination mit einzigartiger Funktionalität auftritt. Materialingenieure haben gerade erst begonnen, komplexe Nanomaterialien zu erzeugen, und es ist noch ein langer Weg, bis die natürlichen Best-Practice-Beispiele aus der belebten Natur in Bezug auf Präzision, Funktionalität und Effizienz in der menschlichen Produktion erreicht werden können. Komplexe Nanomaterialien sind funktionale Nanomaterialien, kombiniert aus organischen und anorganischen Anteilen, oder biologischen und hierarchischen Nanomaterialien. Aufgrund des von Natur aus inter- und transdisziplinären Charakters der Nanotechnologie erweist sich die Kooperationen über Fachgebiete hinweg zunehmend als erfolgreich. Solche inter- und transdisziplinären Ansätze haben ein sehr hohes Innovationspotenzial. Für Unternehmen ist es jedoch nicht wichtig, ob das Material ein Nanomaterial ist oder nicht, sondern es zählt die Funktionalität des Materials oder der Erfindung in Kombination mit Kostenbewusstsein und größtmöglicher Sicherheit.

Daher scheint ein lösungsbasierter Ansatz von Innovation in der Materialforschung lohnender und nützlicher, sowohl für die Unternehmen als auch für die Wissenschaftler und Ingenieure, die derartige Materialien als Prototypen entwickeln und produzieren.

Ein schönes Beispiel für einen lösungsbasierten Ansatz von Innovation in der Materialwissenschaft ist die jüngste Forschung in Bezug auf die Biosynthese von Nanopartikeln: Pflanzen und verschiedene Mikroben wie Bakterien, Hefen und Pilze produzieren anorganische Nanostrukturen und metallische Nanopartikel mit Eigenschaften, die den Materialeigenschaften von technisch produzierten Nanopartikeln nicht nur nahe kommen, sondern sie in vielen Fällen sogar übertreffen (siehe Kapitel 6 über die Metallgewinnung mit Pflanzen), insbesondere in Bezug auf kontrollierte Größe, Form und Zusammensetzung der Partikel – und dies alles aus umweltfreundlicher Herstellung. Als Beispiele seien die Bildung von magnetischen Nanopartikeln sowie von Gold- und Palladium-Nanopartikeln durch Bakterien erwähnt, und die Herstellung von Silber-Nanopartikeln durch Bakterien und Pilze. Nanoskalige, halbleitende Cadmiumselenid-Kristalle werden von Hefen erzeugt. Viele weitere wunderbare Beispiele für neuartige Nanomaterialien können in der belebten Natur gefunden werden. Wie immer in der Bionik sind die Abstraktion und das grundlegende Verständnis der Designprinzipien unabdingbare Voraussetzungen für eine erfolgreiche Übertragung in die Technik (siehe Seite 48 über die Gefahren der »Schneller-kleiner-günstiger-Bionik«).

Biomimetik und Militärforschung

Vor einigen Jahren erforschte ich mit meinem Team gerade intensiv den Klebstoff der Kieselalgen, als wir hohen Besuch von einem Geldgeber erhielten und deshalb eine Führung durch unser Labor veranstalteten. Der

Herr von der DARPA, das ist die Wissenschaftsförderungseinrichtung des US-amerikanischen Verteidigungsministeriums, unterhielt sich angeregt mit mir. Er erzählte mir davon, wie schwierig es sei, Dinge unter Wasser fest mit einem Kleber zu verbinden. Meistens werden die Dinge an der Luft geklebt und dann unter Wasser gebracht, wo der Kleber ziemlich schnell desintegriert und der Verbund auseinanderfällt. Er zeigte großes Interesse am Kieselalgenkleber. Sein Interesse stieg an, als ich anfing, ihm von den Selbstheilungskräften des Klebers und von der Stärke der Verbindung zu erzählen. Er begann von Schusswesten zu träumen, die sich selbst reparieren, und von Häusern, deren Wände von einschlagenden Kanonenkugeln nur halb durchdrungen werden und die diese schlussendlich wieder ausspeien können, ohne Schaden zu nehmen. Mir wurde die Sache unheimlich – ich wollte nicht, dass meine Forschungsergebnisse im militärischen Bereich angewendet werden.

Das ist ein generelles Problem der Bionik oder auch der Nanotechnologie, und ganz besonders der biomimetischen Nanotechnologie: Viele der Innovationen werden militärisch umgesetzt oder die Ideen verkauft, so erreichen sie nie oder nur mit großer Verspätung die Öffentlichkeit, wo sie auch für sozial wertvolle Anwendungen umgesetzt werden könnten. Ich lehnte das Angebot ab, im Rahmen eines DARPA-Projekts weiter an diesen Ideen zu arbeiten, und wandte mich anderen Forschungen zu. Damals war ich noch sehr jung und frisch in der Forschung – dieses Erlebnis werde ich nie vergessen.

Dadurch, dass mächtige Ergebnisse in vielen verschiedenen Bereichen umgesetzt werden können, werden viele Fragen aufgeworfen, in Bezug auf die Verantwortung der einzelnen Forscher und Forscherinnen für ihre Resultate, in Bezug auf geheimes und verkauftes Wissen und über das Entreißen von Geheimnissen der belebten Natur für eine Art der Innovation, die nicht dem Gemeinwohl nützt, sondern nur einzelnen Gruppen, Firmen oder Interessensgemeinschaften. Viele Jahre nach diesem Erlebnis begann ich, mich mit ethischer Wissenschaft, Werten und Nachhaltigkeit zu beschäftigen, und es war sicher einer der grundlegenden Bausteine für meine diesbezüglichen Gedanken.

Sozial wertvolle Anwendungen des selbstheilenden Bioverbundwerkstoffs der Abalonemuschel und der Kieselalgen wären zum Beispiel im Bereich des erdbebensicheren Bauens. Als ich 2009 am Weg zu einer Dschungelexpedition in Indonesien in Padang landete, waren erst einige Tage seit dem großen Erdbeben von Sumatra vergangen. Ich fuhr an vielen zerstörten Häusern vorbei und bemerkte, dass Instabilitäten besonders an Fensterecken aufgetreten waren. Ein Material ähnlich der Abalonemuschel hätte hier viel Schaden erspart und vielen Menschen ein Dach über dem Kopf bewahrt. Außerdem fiel mir auf, dass die meisten Holzhäuser und Bäume unversehrt stehen geblieben waren, wohingegen Ziegelbauten massive Schäden erlitten hatten. Derzeit sind natürliche Materialien in vielen Fällen den menschengemachten überlegen – intelligent angewandte Biomimetik am Bau könnte hier viel helfen.

3D-Tourismus in Riff und Dschungel

Die Idee für 3D-Tourismus kam, als Frau Professorin Ranee Esichaikul von der Open University, eine Tourismusprofessorin aus Thailand, uns in Kuala Lumpur besuchte. Ihre Gesellschaft, unsere anregenden Diskussionen und die Tatsache, dass ich es liebe, Fachgrenzen zu überschreiten, führten dazu, dass wir dieses Konzept, das sich zu einem erfolgreichen Nischentourismusbereich für Malaysia entwickeln könnte, in die Welt hievten. Die Basis für dieser Idee waren meine Erfahrungen mit der Biomimetik-Innovationsmethode auf Expeditionen mit dem Team der Biomimicry Guild im unberührten Primärregenwald von Costa Rica.

Im 3D-Tourismus geht es darum, bestehende Grenzen in Forschung und Innovation in Bezug auf Nanomaterialien weiter zu stecken. Das Konzept beschreibt eine neue Methode, innovatives Denken in der Wissenschaft überhaupt erst entstehen zu lassen, und es auch zu fördern, unter Berücksichtigung der Notwendigkeit von Synergien und der Zusammenarbeit zwischen Biologie, Ingenieurwissenschaften, Materialwissenschaften und Nanotechnologie. Es ist ein neuer Zugang, der die derzeit vorherrschende Segmentierung und Trennung zwischen diesen Fachgebieten überwinden soll. Unterstützt von speziell ausgebildeten Biologen wenden Forschungs- und Entwicklungsingenieure sowie auch Designer die Biomimetik-Innovationsmethode in einer Umgebung mit hohem Inspirationspotenzial an und entdecken, bestimmen und designen komplexe Nanomaterialien – von der Natur inspiriert. Direkt am Ort dieser Forschungen werden zunächst Prototypen und Entwürfe gebaut und finden erste detaillierte Untersuchungen statt. Dieses Konzept wurde von den Biomimetik- und Design-Workshops, angeboten von der US-basierten Biomimicry Guild im Regenwald in Peru oder in Costa Rica, jeweils für eine Woche pro Jahr, inspiriert. Unternehmen wie Boeing, Colgate-Palmolive, General Electric, Levi's, die NASA, Nike und Procter & Gamble haben bereits deren Dienstleistungen in Anspruch genommen. Janine Benyus, Gründerin der Biomicry Guild, erzählte im Jahr 2009 in einem Vortrag, dass Designer, Ingenieure und Architekten, mit denen sie in Costa Rica derartige Workshops durchführt, immer wieder erstaunt seien über die wunderbare Vielfalt, mit der Organismen Herausforderungen lösen – und das mit Materialien, die vollständig recycelbar sind.

Mit dem 3D-Geschäftstourismuskonzept wird die erfolgreiche Idee der Workshops in ein komplettes Nischentourismusprojekt weiterentwickelt. Malaysische Ökosysteme wie Regenwälder und Meeresumgebungen, also Küstengebiete, Lagunen, Mündungsgebiete, Mangrovenwälder, Korallenriffe und Tiefseegebiete, weisen eine sehr große Artenvielfalt auf. Trotz der immens hohen Abholzungsrate (derzeit hat Malaysia die höchste Regenwaldabholzungsrate der Welt!) ist dieses Land (noch) ein Biodiversitäts-Hotspot. Man findet auf Schritt und Tritt interessante Vorbilder aus der belebten Natur, und fängt als naturwissenschaftlich und biologisch geschulter Mensch ganz automatisch damit an, Struktur und Funktion bei allem Lebendigen, das man sieht, in Relation zu setzen. Diese Art des Zugangs hilft nun, dass auch jene Menschen, deren Forschungen normalerweise fernab jeglicher Wildnis stattfinden, sich bewusst werden über die schiere Unmenge an natürlichen Ressourcen, die uns umgeben, und von denen wir lernen können. Und genau das ist eines der Erfolgsrezepte des 3D-Tourismus.

Der Lohn der gemeinsamen Anstrengungen sind – neben Forschungsergebnissen, Entwicklungen und Designs – neue Verbindungen, Netzwerke und Kollaborationen zwischen Gemeinschaften von Denkern aus verschiedenen Ländern, mit dem Ziel, kreatives und anwendungsorientiertes Problemlösen für die Gesellschaft zu stimulieren.

In Malaysia ist die Tourismusbranche der zweitgrößte Devisenbringer. Darüber hinaus ist sie eine Industrie mit vielen Sektoren wie Transport, Hotellerie, Gastronomie, Freizeit und Unterhaltung, Handel, Handwerk und Reisebüros. Im Jahr 2007 fanden in Malaysia fast eine Million Menschen Beschäftigung in diesem Bereich. Tourismus bietet auch eine Plattform zur Realisierung von sozioökonomischen und distributiven Projekten. So werden gemeindebasierte Tourismusprinzipien zum Beispiel bei *Homestay* (also privat vermieteten Unterkünften) und Ökotourismusprogrammen angewendet. Gemeindebasierter Tourismus stärkt die Fähigkeit ländlicher Gebiete, ihre touristischen Ressourcen zu verwalten und ihr eigenes Einkommen zu verdienen, bei gleichzeitiger lokaler Beteiligung.

Der Begriff Nischentourismus bezieht sich auf Tourismusgebiete, die auf besondere Interessen zielen. Diese Art von Tourismus kann ein Weg zur Nachhaltigkeit sein, zum Beispiel im Bereich Ökotourismus. Die malaysische Zeitung *The Star* schrieb bereits im Jahr 2010, dass sich Malaysia zunehmend auf Nischentourismusmärkte fokussiere.

Mit dem Konzept des 3D-Geschäftstourismus werden das Potenzial des malaysischen Regenwaldes und der marinen Ökosysteme auf nachhaltige Weise genützt und die Verwaltung von Ressourcen für das Wohlergehen von Mensch und Umwelt gefördert, ohne dass natürliche Bestände ausgebeutet werden, oder irgendetwas anderes außer Ideen aus dem Ökosystem entfernt wird. (Immer, wenn wir mit den malaysischen Naturfreunden auf Expedition gingen, galt als Leitsatz unseres Regenwaldaufenthalts: »Hinterlasse nichts außer Fußabdrücken, und nimm nichts mit außer Fotos« – dieses Motto kann man durch »und viele neue Ideen« ergänzen). So steigt der Wert der malaysischen Ökosysteme in den Köpfen von politischen Entscheidungsträgern. Schwellenländer haben die Möglichkeit, hochgeschätzte Beiträge zur internationalen Spitzenforschung und -entwicklung zu leisten und nebenbei auch noch lokale Experten in wichtigen Zukunftstechnologien zu trainieren. Hinzu kommt die Möglichkeit, erste Untersuchungen direkt vor Ort durchzuführen, etwa an der Forschungsstation der Nationalen Universität von Malaysia auf Fraser's Hill, dem Meeresökosystem-Forschungszentrum EKOMAR und den malaysischen Meeresparks. Anschließende, tiefere und detailliertere Untersuchungen an den Heimathochschulen fördern darüber hinaus die internationale Zusammenarbeit und resultieren in grenzüberschreitenden synergetischen Ergebnissen.

Bei den Biomimetik- und Design-Workshops der Biomimicry Guild sind die Forschungsstationen mit Literatur und manchmal Zugang zum Internet ausgestattet. 3D-Stationen weisen alle Annehmlichkeiten auf, die internationale Spezialisten aus der Industrie verlangen, haben also umfangreiche Bibliotheken, CAD-Anlagen und weitere Maschinen, die es ermöglichen, Prototypen zu konstruieren und zu bauen. Zur Förderung des Netzwerkens, von anregenden Diskussionen und zum Anspornen der Kreativität verbringen die einheimischen und internationalen Spezialisten die gesamte Zeit gemeinsam in den Forschungsstationen. Nach dem Bau erster Prototypen ermöglicht eine Pause in Form eines Familienurlaubs oder Ähnlichem eine Befreiung des Geistes von der kreativen Arbeit, sodass neue Ideen und Konzepte in Ruhe einsinken können. Nach dem Urlaub treffen sich die Spezialisten wieder, finalisieren ihre Designs und planen weiterführende gemeinsame Projekte und Zusammenarbeiten. Generell sind die Projekte in drei Phasen strukturiert, gemäß dem namensgebenden 3D-Prinzip: dem Entwickeln, dem Bestimmen und dem Designen.

Die allererste 3D-Expedition

Inspirierende (Nano-)Systeme sind im Regenwald omnipräsent. Die erste Machbarkeitsstudie für 3D-

Tourismus war eine Expedition in ein wunderbares ursprüngliches Hochlandregenwaldgebiet in Malaysia: Fraser's Hill. Dort findet sich wunderschöne tropische Fauna und Flora. Große Baumfarne und in der Nacht leuchtende Pilze prägen die Landschaft, durch die immer wieder auch Großkatzen ziehen. Das Gebiet wurde in den 1890er-Jahren von den Engländern erschlossen, ursprünglich wurden dort Bodenschätze, insbesondere Metalle, gesucht. Heute ist es dem Ökotourismus gewidmet. Verschiedenste Dschungellodges ermöglichen Touristen aus aller Welt, die vielfältige Natur zu genießen und Vögel, Spinnen, Warmblüter, Insekten und manchmal sogar Tiger zu beobachten.

Die erste 3D-Expedition fand im Februar 2010 unter der Leitung von Professor Jumaat Adam von der Nationalen Universität Malaysia statt. Die 19 Teilnehmer waren Biologen und Ingenieure der Nationalen Universität sowie zwei österreichische Tissue-Engineering-Spezialistinnen, die bei uns am Institut für Mikroingenieurwissenschaften und Nanoelektronik ein Industriepraktikum absolvierten: Teresa Stemeseder und Jennifer Bawitsch. Wir erforschten Reflektoren von nachtaktiven Jagdspinnen, Strukturfarben und die verschiedenen Sprachen von Mensch und Wald.

Wir wohnten in der Forschungsstation unserer Universität und lockten schon am ersten Abend mit unseren Lichtern Tausende Schmetterlinge und Motten an. Am nächsten Morgen saßen noch einige von ihnen paralysiert an der Hausmauer. Hunderte jedoch waren getötet worden, von den Lampen, von den Geckos, von den Fledermäusen. Dies ist ein Effekt der Lichtverschmutzung im unberührten Regenwald. Die Effekte der Lichtemissionen von Großstädten auf Nachtlebewesen können durchwegs als katastrophal bezeichnet werden. Viele nachtaktive Tiere orientieren sich an den Sternen oder am Mondlicht. Künstliche Lichtquellen bringen die Tiere durcheinander und treiben täglich Unmengen von ihnen in den sicheren Tod. Ganz besonders getroffen hat mich der Bericht über das Schicksal einer Wüstenbienenart, die sich an der Polarisationsrichtung des am Mond gestreuten Lichts orientierte. Durch die zunehmende Lichtverschmutzung des Nachthimmels wurde das feine Signal, von dem die Bienen in ihrer Orientierung abhängig waren, schließlich zu sehr verrauscht und war nicht mehr verwendbar. Diese Wüstenbienenart ist ausgestorben. Deshalb sollten wir in der Nacht unsere Lichter abschalten, zu unserem eigenen Wohl und dem unserer Mitgeschöpfe – wissenschaftliche Ergebnisse zeigen, dass es auch für den Menschen nicht gut ist, in einer Umgebung mit elektronischen Geräten und deren Betriebsleuchten zu schlafen, ob Fernseher, Handy oder Mikrowelle. Bevor wir das Haus in Fraser's Hill am Ende unserer Expedition wieder hinter uns zusperrten, holte ich viele Tiere, die sich nach drinnen verirrt hatten, nach draußen und ließ sie wieder fliegen.

Wir fokussierten uns auf drei Aufgabengebiete. Erstens, den Regenwald als inspirierendes System wahrzunehmen, zweitens, die Fachsprachen der anderen Expeditionsteilnehmer zu lernen, und drittens, uns auf Struktur-Funktionszusammenhänge in der belebten Natur einzulassen. Hier waren zum Beispiel die Nanostrukturen in Schmetterlings- und Mottenflügeln sowie die Strukturfarben mancher Farne von Interesse.

Ein weiteres Hauptaugenmerk legten wir auf die Augen von nachtaktiven Spinnen, die nanostrukturierte Reflektoren aufweisen. Interessante Proben wurden identifiziert, vor Ort untersucht und für weitere Forschungen an die Nationale Universität und nach Österreich gebracht. Das war notwendig, da zu diesem Zeitpunkt noch kein voll ausgerüstetes nanotechnologisches Labor an der Forschungsstation zur Verfügung stand.

Erste Resultate dieser Zusammenarbeit über Fachgebiete hinweg waren der Aufbau neuer Freundschaften über Kultur- und Religionsgrenzen hinweg, Bachelorarbeiten der beiden österreichischen Studentinnen und ein Bericht der *KL Post*, des monatlichen Magazins der deutschsprachigen Gesellschaft von Kuala Lumpur. In weiterer Folge wurde in den nachfolgenden Wochen eine sechsteilige Radiosendung auf dem österreichischen Sender Ö1 ausgestrahlt, die über unsere Erlebnisse bei dieser und anderen Expeditionen berichtete.

Besonders die funkelnden Spinnenaugen, die im Dunkel der Nacht des Regenwaldes das Licht reflektieren, sind faszinierend. Als ich im Jahr 2009 im Danum Valley auf Borneo meine erste wissenschaftliche Expedition in Malaysia antrat, gab es natürlich viel Neues und Interessantes zu sehen. Es war unser erster Nachtspaziergang, wir trugen Stirnlampen und gingen auf den Wegen, die wir auch tagsüber schon exploriert hatten. Doch in der Nacht sah alles anders aus. Auch die Geräusche waren anders. Die Augen von Motten erscheinen nachts tiefrot und die von Säugern wie dem kleinen Mäusehirschchen sind leuchtend weiß.

Ganz besonders faszinierend war für mich, dass der ganze Boden von Hunderten von Diamanten bedeckt schien, die in allen Farben des Regenbogens funkelten und leuchteten – blau, rot, grün, gelb, lila. Ich ging näher an einen solchen vermeintlichen Diamanten heran und entdeckte, dass um ihn herum eine Spinne war. Eine kleine, unscheinbare Jagdspinne. Auf zum nächsten Diamanten – wieder eine Spinne! Manchmal musste ich recht weit gehen, um die kleinen Spinnen, die nicht größer als ein paar Millimeter sind, zu lokalisieren. Die Augen dieser Spinnen reflektieren also das Licht in allen Farben!

Ich wollte diese Erkenntnis meinen Studentinnen mitteilen und sagte ihnen, wohin sie schauen sollten. Allein, sie sahen nichts. Jedenfalls nicht die Spinnen, die ich sah. Also sagte ich ihnen, sie sollten selbst auf ein buntes Funkeln achten und ihm nachgehen – und dann hatten auch sie Erfolg. Die Augen reflektieren das Licht nämlich nur zum Betrachter, von dem das Licht ausgeht. Wenn jemand danebensteht, sieht er nichts. Man nennt das direktionale Reflexion. In diesem Fall von winzig kleinen Augen auf gewaltige Distanz – Hunderte von Metern in klarer Nachtluft. Wir waren fasziniert, begannen strukturierte Untersuchungen und unternahmen dann auch eine wissenschaftliche Literatursuche, die uns die Kristallaugen der Spinnen erklärte. (Die Augen beinhalten Proteinkristalle, die für die Reflexion verantwortlich sind.)

Wir Menschen stellen Reflektoren aus wenig umweltfreundlichen Materialien her, und es wäre sicher eine spannende und interessante Aufgabe, derartige Kristalle aus Proteinen wachsen zu lassen und als umweltfreundliche Reflektoren in Kleidung zu implementieren.

Die Vorteile des 3D-Konzepts sind vielfältig und weitreichend. Es bewirkt eine erhöhte Wertschätzung von Regenwäldern, Meeres- und Küstenregionen, in Verbindung mit einer umfassenden Sammlung und dem

Erhalt des Wissens indigener Populationen. Weiter inkludiert der Input aus der belebten Natur in die Entwicklung neuer Technologien inhärente Best-Practice-Beispiele und erlaubt die Bewertung von sekundären Auswirkungen (Technologieabschätzung): Auch in der Natur kommt es zuweilen vor, dass einige Lösungen ungewollte Konsequenzen nach sich ziehen, man denke nur an die »Erfindung« der Fotosynthese, bei der das – für die meisten damaligen Organismen giftige – Gas Sauerstoff emittiert wird, was vor 2,3 Milliarden Jahren zu einem Massenaussterben von Arten geführt hat.

10 Der Baum des Wissens

Mein Lieblingsbuch ist *Das Glasperlenspiel* von Hermann Hesse. Als ich es das erste Mal las, war ich elf Jahre alt. Ich liebte dieses Buch sofort und habe es seitdem immer wieder gelesen. Auf magische Weise enthüllt es mir in jedem Lebensalter andere Geheimnisse. Nicht nur ich wachse und verändere mich, sondern auch das Buch.

Schon von klein auf faszinierte mich die Idee des Glasperlenspiels: Ein Spiel, das einen in der geistigen Welt von jedem beliebigen Punkt zu allen anderen bringen kann. Man beginnt zum Beispiel bei einer Fuge von Bach, spielt sich zu einem mathematischen Axiom und endet beim Duft der Tuberose. Das ganze abrufbare Wissen und geistige Vermächtnis der Menschheit kann bespielt werden. Ähnlich eindrucksvoll ist für mich das Konzept des Aleph, eines Punktes, der die ganze Welt enthält, aus der gleichnamigen Kurzgeschichte von Jorge Luis Borges. Wie ein kleines Stück Glitter alle Farben zeigt, wie das Aleph die Welt beinhaltet, und wie das Glasperlenspiel erlaubt, Verbindungen herzustellen, wo die wenigsten Menschen welche als möglich erachten – das hat mich immer schon fasziniert, mein Herz erfreut und mir Hoffnung gegeben.

Als elfjähriges Mädchen wusste ich natürlich noch nicht, dass diese geistigen Bilder dereinst zu wichtigen Illustrationen meiner wissenschaftlichen Forderung nach einem Baum des Wissens werden sollten. Das Wissen der Menschheit muss meiner Meinung nach offen zugänglich sein, erfahrbar und lesbar, sozusagen bespielbar. Die großen Probleme, mit denen wir uns derzeit herumschlagen müssen, liegen nicht in einem einzigen Fachgebiet und können nicht von Spezialisten allein erfolgreich adressiert werden. Wir brauchen umfassend gebildete Allrounder. Menschen, die Trends und Entwicklungen erkennen und Welten verknüpfen, die auf den ersten Blick nichts miteinander zu tun haben.

Und während ich dies schreibe, fällt mir eine weitere Manifestation des Baums des Wissens ein, die mich schon in meiner Studienzeit beschäftigt hat: das Sammeln von Enzyklopädien. Beinahe 200 Brockhaus-Bände nenne ich mein Eigen, aus verschiedensten Zeitaltern. Ich erinnere mich an mein vollgepacktes Fahrrad – am Lenker rechts und links eine Plastiktüte mit jeweils drei Bänden, der hintere Korb voll beladen –, mit dem ich drei- oder viermal von der Buchhandlung bis zu meiner Wohnung hin- und herfuhr, und schließlich war eine weitere schöne Enzyklopädie mein Eigen. Es machte mir damals sehr viel Freude, mich zu bestimmten Stichworten durch die verschiedenen Zeitalter zu lesen und die jeweilige Subjektivität zu beschmunzeln. Was mich immer faszinierte, war, wie objektiv die Bücher wurden, je mehr wir uns der Gegenwart annäherten. Ich frage mich oft, ob wohl eine Ille in 200 Jahren, die dasselbe Spiel spielt, unsere heutigen »objektiven« Darstellungen als genauso subjektiv empfindet wie ich die Erklärungen aus vergangenen Jahrhunderten. Derartige Gedankenexperimente machen mir immer wieder Spaß.

Aus der Begeisterung für Listen, vollständige Anordnungen, Enzyklopädien, das Aleph und das Glasperlenspiel wuchs im Laufe der Jahre die Idee zum Baum des Wissens, der in der digitalen Welt verankert ist. Ich stelle mir darunter eine Repräsentation des gesamten Wissens der Menschheit vor. Ein solcher Baum ermöglicht jedem geistige Wanderungen. Abhängig von Bildung, Vorwissen, speziellen Interessen, der Zeit, die die Person investieren möchte, und dem Ziel, das erreicht werden soll, ermöglicht er Wege und Reisen, schnelle Durchflüge und verspielte Ziselierungen, bei der Verbindung zweier Gebiete.

Die Idee vom Wissen für alle

Das erste Mal habe ich zu diesem Thema während meiner Zeit als Tribologin wissenschaftlich publiziert. Von 2003 bis 2006 leitete ich die strategische Forschung am österreichischen Kompetenzzentrum für Tribologie in Wiener Neustadt. Tribologie ist die Lehre von Oberflächen in relativer Bewegung. Alle Teile, die sich gegeneinander bewegen, unterliegen tribologischen Phänomenen – zum Beispiel Instrument und Bogen beim Geigenspiel, Kufen und Eis beim Schlittschuhlaufen, die Bewegung von Zahnrädern im Motor, oder das Blinzeln mit den Augen. Tribologie liegt mir sehr am Herzen, da es ein höchst interdisziplinäres und anwendungsnahes Gebiet ist. Mit Kollegen veröffentlichte ich einen Aufsatz im Fachjournal *Tribology* mit dem Titel »Neue Arten des wissenschaftlichen Publizierens und des Zugriffs auf das Wissen der Menschheit inspiriert von interdisziplinären Zugängen«. Die enthaltene Kritik an der schieren Menge an hochklassigen wissenschaftlichen Publikationen, die in vielen Fällen weder gelesen noch zitiert werden, und der Vorschlag eines allgemein zugänglichen Baums des Wissens hat dieser Publikation nicht nur Freunde beschert. Denn viele wissenschaftliche Verlage leben davon, dass Autoren und Autorinnen gratis Beiträge verfassen, in vielen Fällen sogar für die Veröffentlichung bezahlen.

In Bezug auf diese eine Publikation erhielt ich sogar ein »Redeverbot« – das erste und einzige Mal, dass mir so etwas widerfuhr. Ein guter Freund, erfolgreicher Bioniker aus Deutschland, lud mich zu sich an die Hochschule ein und bat mich, einen Vortrag zu halten, »aber nicht über diese Arbeit über das Publizieren. Das könnte unsere jungen Studenten davon abhalten, in der Publikationsmaschinerie mitzuspielen, und damit verbauen sie sich ihre wissenschaftliche Zukunft.« Andere hatten einen anderen Zugang, und luden mich ein, gerade zu diesem Thema zu sprechen – für interessante Diskussionen war gesorgt.

Gerade in der Bionik ist es oft notwendig, ganz spezielle wissenschaftliche Arbeiten auszugraben, zu verstehen und ihre Grundaussagen in den jeweiligen Problemlösungsbereich zu transferieren. Ich erinnere mich zum Beispiel an meine Arbeit mit Boeing und dem US-amerikanischen Biomimicry Institute zum Thema rauschärmere Flugzeuge. Vögel, Spinnen, Pferde, Fische und viele weitere Organismen dienten hier zur Inspiration für die Entwicklung von Flugzeuginnenräumen mit angenehmen Umgebungsgeräuschen anstelle von störenden. Dazu wurden viele Spezialisten kontaktiert, eine gemeinsame Sprache geschaffen, und das Wissen transferiert. In diesem und vielen anderen Fällen würde ein Baum des Wissens, auf dem man adaptiv gemäß den jeweiligen Gegebenheiten verschiedene Wissensgebiete verknüpfen kann, die Sache einfacher, schneller und effizienter gestalten.

Ende Oktober 2011 hielt ich in Linz im Haus in der Rathausgasse 5, in dem der Naturphilosoph, Mathematiker, Astronom, Astrologe, Optiker und evangelische Theologe Johannes Kepler von 1612 bis 1627 gewohnt hat, auf Einladung der Bildungseinrichtung Kepler Salon einen einstündigen Vortrag mit dem Titel »Was ist Biomimetik? Auf den Spuren der Physik des Regenwaldes«. (Für Interessierte ist das Soundfile auf der Internetseite des Kepler Salons abrufbar.) Nach diesem Vortrag fuhren mein Freund und Kollege Professor Werner Obermayr und ich über Admont nach Hause in die Steiermark, wo ich meine Eltern besuchte. Wir machten eine Führung durch das Stift Admont und hatten das große Glück, die Bibliothek ganz allein mit einer netten Dame zu betreten. Normalerweise sind immer viele Schulklassen dort, aber es war der letzte Tag vor der Wintersperre und wir waren die einzigen Besucher. Deswegen konnte sich die Dame auch sehr viel Zeit für uns nehmen.

Was sie uns unter anderem zeigte, war die erste Enzyklopädie, die jemals in Buchform erschienen war – diese Enzyklopädie ist der erste vollständig ausgearbeitete Baum des Wissens: Diderots und d'Alemberts *Enzyklopädie oder ein durchdachtes Wörterbuch der Wissen-*

schaften, Künste und Handwerke erschien zwischen 1751 und 1772, mit späteren Ergänzungsbänden, Revisionen und Übersetzungen. Wunderbar! Ein 28-bändiges Werk, das das gesamte Wissen seiner Zeit versammelte, mit einem Inhaltsverzeichnis wie ein Baum, und einer eindrucksvollen Abbildung, die sich »Karte des Systems des Wissens der Menscheit« nennt. Gemäß Diderot und d'Alembert gibt es die drei Grundsäulen Erinnerung, Ratio und Vorstellung, in die alle Bereiche des Wissens (Geschichte, Philosophie und Poesie) kategorisiert werden. Die Philosophie unterteilt sich in Metaphysik, Theologie, Sozial- und Naturwissenschaften. Ich war stolz und erfreut, den ersten gedruckten Baum des Wissens in dieser wunderschönen Bibliothek bewundern zu dürfen.

Biotribologie – Die Verknüpfung von Biologie, Medizin und Tribologie

Bis vor einigen Jahren wurde das Wort Biotribologie hauptsächlich im Zusammenhang mit Hüft- und Knieimplantaten verwendet, um tribologische Eigenschaften in gesunden und kranken Gelenken und solchen mit Implantaten zu beschreiben, es geht hier also konkret um Themen wie Reibung, Abnutzung, Schmierung und Haftung. Biotribologie beschäftigt sich generell mit Phänomenen, die Oberflächen in relativer Bewegung zueinander betreffen. Doch heutzutage wird Biotribologie nicht mehr so eng definiert und beschäftigt sich mit so vielfältigen Bereichen wie dem schaltbaren Anhaften von Blutzellen an Blutgefäßen und den natürlichen Klebeeigenschaften des Geckofußes, mit dem dieses manchmal gar nicht so kleine Tier Wände, Fenster und die Zimmerdecke hochklettern kann. Die Forschung hat zum Beispiel neuartige, funktionelle Kleber inspiriert.

Außerdem werden im Rahmen der bionischen Biotribologie Scharniere und Verriegelungseinrichtungen von Kieselalgen untersucht, die bei der Entwicklung neuartiger, kleinster Maschinen, wie sie zum Beispiel im Beschleunigungssensor, der im Auto den Airbag aktiviert, oder in winzig kleinen Gyroskopen, die in Smartphones Verwendung finden, hilfreich sein können. Ein weiteres wichtiges Forschungsgebiet sind Pflanzenoberflächen hinsichtlich ihrer Selbstreinigungs- und Antibenetzungseigenschaften – Entwicklungen in dieser Richtung können in neuartigen Schmutz abweisenden Farben und Auto-, Schuh- oder Windschutzscheibenbeschichtungen resultieren.

Eine Realisierung des Baums des Wissens und der vorgeschlagenen neuen Art des wissenschaftlichen Publizierens könnte zur Überwindung von Lücken zwischen den konzeptionellen Welten der Erfinder, der Innovatoren und der Investoren führen. Der freie Zugriff auf die gesamte menschliche Erkenntnis könnte in einer vollständigen Veränderung des Wissenschaftsverlagswesens resultieren, mit Wissen, das dynamisch und für Forscher mit allen Arten der Ausbildung und Spezialisierung zugänglich ist – und nicht nur für diese, sondern für jeden Menschen, der sich dafür interessiert, Forscher oder nicht – eben die Realisierung meines geliebten Glasperlenspiels. Die Errichtung einer Kultur des Verstehens statt des Auswendiglernens und die Konzepte von Spezialisten- und Generalistenwissen sind leicht übertragbar auf Innovation und Industrie und werden die Art und Weise verändern, in der Wissenschaft die Gesellschaft beeinflusst.

Warum brauchen wir einen Baum des Wissens und eine neue Art des Veröffentlichens?

Ein großes Problem in der heutigen Wissenschaft ist die hohe Anzahl von Publikationen. Jack Sandweiss, der frühere Herausgeber von *Physical Review Letters*, einem der Topjournale in der Physik, hat schon im Jahr 2009 in einem Kommentar über die Zukunft des wissenschaftlichen Publizierens geschrieben, dass es für einen einzelnen Forscher oder eine einzelne Forscherin unmöglich sei, alle Publikationen in diesem einen Journal zu lesen. Diese Situation hat sich während der vergangenen Jahre nicht verbessert. Sandweiss beschreibt einen möglichen Ausweg aus diesem Dilemma, indem er virtuelle Journale vorschlägt, die Artikel aus bestimmten Forschungsfeldern sammeln. Er plädiert für die Entwicklung und Verwendung eines Programmes, das auf künstlicher Intelligenz basiert, die Forscher bezüglich ihrer Interessen interviewt, und eine nach Prioritäten geordnete Leseliste von Artikeln zusammenstellt. In der Wissenschaft gibt es derzeit noch keine derartigen Programme, sehr wohl aber bei großen Musik-, Film- und Buchanbietern online. Expertensysteme erstellen hier Bewertungen und Empfehlungen, basierend auf den persönlichen Interessen und der Kaufhistorie der einzelnen Kunden.

Die Notwendigkeit einer Veränderung wurde mir bewusst, als ich mit Teilnehmern und Teilnehmerinnen aus so verschiedenen Gebieten wie Medizin, Wirtschaft, Ingenieurswissenschaft, Physik und Architektur auf den ersten interdisziplinären Regenwaldexpeditionen war. Wir sind alle in unseren Fachsprachen gefangen, und manchmal verstehen wir sogar unter demselben Wort in verschiedenen Fachgebieten völlig verschiedene Konzepte. Ein Beispiel dafür ist der Quantensprung: In der Physik bezeichnet er den kleinstmöglichen Sprung, für einen Journalisten ist es ein Riesensprung, der eine sehr große Veränderung auslöst.

Wenn wir voneinander lernen wollen, von anderen Fachgebieten und anderen Denkweisen, müssen wir die Sprache und die Grundkonzepte der anderen verstehen. Ganz besonders wichtig ist dies in inter- und transdisziplinären Forschungsgebieten wie der Biomimetik. Sonst läuft man Gefahr, weiterhin nur im eigenen Fachgebiet zu verharren und sich hinter schwierigen Fachwörtern und Konzepten zu verstecken, die zwar für andere Fachgebiete beeindruckend sein mögen, uns aber in interdisziplinären Fragen nicht weiterbringen, da keine synergistischen Effekte entstehen. Dieses Problem tritt zum Beispiel in der Nanotechnologie auf, die inhärent interdisziplinär ist, da sich im Kleinen Physik, Chemie, Medizin, Materialwissenschaft und Biologie treffen. Oft werden Großlabors wie das Nanotechnologiezentrum in London eingerichtet, in denen die Vertreter verschiedener Fachgebiete arbeiten; es gibt dort Gemeinschaftsräume mit Sofas und Kaffeemaschinen, die interdisziplinäre Dialoge fördern sollen. Allein, die Leute verbleiben in ihren »Silos«, wie sie ein malaysischer Freund von mir, der dort seine Doktorarbeit schrieb und der nun Direktor der malaysischen Nanotechnologieinitiative ist, bezeichnet hat, und jeder arbeitet für sich.

Das Problem der viel zu hohen Zahl an Publikationen hängt auch damit zusammen: Wenn man schon in seinem eigenen Fachgebiet nicht alles lesen kann, wie soll man sich dann auch noch in etliche andere Bereiche einlesen und diese beherrschen? Ich glaube, dass der fehlende Zugang zum Wissen aus anderen Forschungsrichtungen einen der hemmenden Faktoren in der Entwicklung einer synergistischen Zusammenarbeit von verschiedenen Bereichen darstellt, sowohl in allgemeinen, als auch in Fachgebieten wie der Biomimetik.

Die Schwierigkeit eines interdisziplinären Dialogs zeigte sich schon bei einer meiner ersten Dschungelexpeditionen in Malaysia. Allgemeingültige Gleichungen und kausale Beziehungen dominieren die Welt der Ingenieurswissenschaften. Oft sind wissenschaftliche Artikel aus der Biologie für Ingenieure nicht zugänglich, da sie zu beschreibend und die Konzepte und Zugänge zu fern von ingenieurswissenschaftlichen Konzepten sind. Bei dieser Regenwaldexpedition, als meine iranische Masterstudentin Tina Matin (die derzeit an einer sehr guten Universität in den USA ihre Doktorarbeit schreibt) und ich in Lata Jarum im Bundesstaat Pahang die Reflexionseigenschaften der Augen nachtaktiver Jagdspinnen untersuchten (siehe auch Seite 205), trat ich ziemlich ins Fettnäpfchen.

Ein Kollege aus der Biologie und Professor für Arachnologie, also Spinnenkunde, fragte mich, welche Spinnenarten wir untersuchten. Ich antwortete: »Das ist nicht wichtig.« Daraufhin war er beleidigt. Erst ein nachfolgendes Gespräch führte zur Klärung der Situation: Ich hatte gemeint, dass es nicht wichtig war, welche Arten wir uns ansahen, weil wir auf der Suche nach der bestmöglichen Funktionalität waren – nach den Augen, die am besten reflektieren. Erst danach würden wir uns die Mühe machen, den lateinischen Namen der Spinne herauszufinden und etwaige Publikationen über ihre Augen zu lesen. Er hingegen hatte gedacht, ich wollte ihm die Art verheimlichen und ihn aus unseren Forschungen ausschließen. Was für ein Missverständnis! Glücklicherweise konnten wir es durch ein klärendes Gespräch aus der Welt schaffen. Dies zeigt, wie wichtig eine gemeinsame Sprache aller Wissenschaften für die Zusammenarbeit ist.

Wir brauchen ein System, das es uns ermöglicht, in andere Geisteswelten einzutreten, ihre Grundkonzepte und Werte zu verstehen und schlussendlich eine gemeinsame Sprache zu entwickeln, die kompatible Beschreibungen auf allen Detailebenen erlaubt. Deswegen benötigen wir eine neue Art der Darstellung von Wissen, vielleicht sogar eine neue Art von Wissenschaft, sodass Forscher und Forscherinnen aus verschiedensten Fachgebieten von Erkenntnissen aus anderen Bereichen profitieren und gemeinsam synergistische Herangehensweisen entwickeln können.

Auch in der belebten Natur sieht man immer wieder Wissenstransfer durch lateralen Gentransfer, sogar über

Artengrenzen hinweg. Ein Beispiel, welches ich in einem neuen Buch über Biokommunikation, für das ich das Vorwort und ein Fachkapitel verfasst habe, beschreibe, ist das Hitzeschockprotein Hsp70. Das Gen für Hsp70 gehört zu den am meisten konservierten Genen (konserviert im Sinne von »bleibt erhalten«) und ist nun in allen drei Domänen des Lebens zu finden, nämlich in Bakterien, in Archaeen und in Eukaryoten, aber nicht in gemeinsamen Vorfahren – es muss demzufolge irgendwann einmal von der Art, in der es erstmals auftauchte, in die anderen »gesprungen« sein – ein eindrucksvolles Beispiel von Zusammenarbeit zwischen den Lebensformen.

Die Verknüpfung verschiedener Disziplinen ist nicht einfach, die sogenannte Transdisziplinarität wird jedoch vielfach als ein effizienter Problemlösungsansatz vorgeschlagen.

Der Status quo als Stolperstein

Es gibt Unmengen an biologischer Literatur. Aber nur wenige Autoren konzentrieren sich auf die funktionellen Aspekte von biologischen Materialien, Prozessen, Organismen und Systemen. Scherge und Gorb, Tributsch, Vogel und Nachtigall sind einige der Autoren mit funktionalem Zugang.

Die Biomimicry Guild hat die Notwendigkeit einer funktionalen Darstellung der Erkenntnisse, die in der wissenschaftlichen Literatur und in Patenten veröffentlicht sind, erkannt, und bietet auf asknature.org biologisches Wissen nach Funktion und nicht nach Arten oder Lebensraum geordnet an. Es werden auch schon realisierte und derzeit nur angedachte biomimetische Umsetzungen vorgestellt. 1676 »Strategien der Natur« werden in folgende acht Unterbereiche eingeteilt: Wie funktioniert in der Natur Abbau? Wie werden Ressourcen erhalten, gespeichert und verteilt? Wie wird die Gemeinschaft erhalten? Wie wird die physische Integrität enthalten? Wie schafft die Natur? Wie verändert die Natur? Wie wird bewegt oder auf der Stelle geblieben? Wie wird Information bearbeitet?

Von einem Baum des Wissens sind wir aber noch weit entfernt. Veröffentliche oder geh unter – *publish or perish* – diese Worte charakterisieren unsere heutige Wissenschaftswelt. Quantitative Indikatoren werden verwendet, die die Qualität von Wissenschaftlern mit Zahlen anzeigen sollen. Diese Quantifizierung von Qualität hat nicht nur Einzug gehalten, sondern dominiert sogar den heutigen Wissenschaftsbetrieb, zusammen mit Unworten wie »Forschungsmarkt«. Wissenschaftliche Arbeiten werden zusehends unter Publikationsdruck fragmentiert veröffentlicht.

Allen Bard, der frühere Herausgeber des Journales der Amerikanischen Chemischen Gesellschaft, stellte im Wissenschaftsmagazin *Science* fest, dass wissenschaftliche Publikationen nicht länger eine Art der Kommunikation mit den wissenschaftlichen Kollegen darstellen, sondern eine Methode, um den eigenen Status zu erhöhen und Punkte für Beförderungen und die Bewilligung von Forschungsprojekten zu sammeln.

In Malaysia wird, wie auch in den meisten anderen Ländern der Welt, sehr hoher Wert auf den sogenannten Impaktfaktor eines Journals gelegt. Die Qualität einer Arbeit wird einzig und allein daran gemessen, welchen Platz das veröffentlichende Journal im Ranking einnimmt, das jährlich von Thomson Reuters veröffentlicht wird. Als mich einmal eine aufstrebende junge Kollegin fragte, bei welchem Journal sie ihre Arbeit am besten einreichen sollte, fragte ich sie: »Von wem willst du sie denn gelesen haben?« – diese Frage hatte sie sich nie gestellt. Sie wollte nur ein Journal mit einem möglichst hohen Impaktfaktor genannt bekommen und hatte sich nie die Mühe gemacht, über ihre Leserschaft nachzudenken. So haben wir nun unzählige Nachwuchswissenschaftler, die ihre Arbeiten zwar in wunderbar hoch gerankten Journalen veröffentlichen, für die aber wissenschaftliche Kommunikation mit den Kollegen durch ihr geschriebenes Wort nur mehr unter ferner liefen in der Prioritätenliste vorkommt – leider. Es werden zu viele Publikationen veröffentlicht, zu viel dupliziertes Wissen mit nur kleinen Neuerungen. Viele dieser Publikationen werden von keinem einzigen

Kollegen zitiert, und Journale mit hohem Impaktfaktor erhalten so viele Einreichungen, dass das ganze derzeitige Begutachtungssystem zu kollabieren droht.

Als ich damals meine Doktorarbeit schrieb, war die Sache noch anders. Mein Doktorvater, DDDr. Frank Rattay, habilitiert in der Mathematik und der Physik, riet mir, immer den wissenschaftlichen Beitrag, den ich durch jede neue Arbeit leiste, wohlweislich abzuwägen und daraufhin bei einem Journal mit genau der Qualität einzureichen, die der Qualität meiner Resultate entspricht. Heute versuchen die meisten, ihre Arbeiten in Journalen mit möglichst hohem Impaktfaktor unterzubringen, unabhängig von der Qualität ihrer Ergebnisse. Dadurch verkommen wir zu Marktschreiern, anstatt klug abzuwägen, wo wir publizieren. Abgelehnte Publikationen werden dann sukzessive bei »schlechteren« Journalen eingereicht, in vielen Fällen, ohne die Kommentare der Gutachter des vorigen Journals einzuarbeiten. Gutachter arbeiten ehrenamtlich, mir selbst platzte einmal der Kragen, als ich dasselbe Manuskript vom vierten Journal zur Begutachtung bekam, jedes Mal völlig unverbessert – der Autor hatte alle meine guten Ratschläge und Korrekturen ignoriert und das Manuskript einfach anderswo eingereicht.

Bei einem Baum des Wissens hätten wir derartige Probleme nicht. Der Baum des Wissens, wie ich ihn mir vorstelle, sollte für alle frei zugänglich sein und Kommunikation über Fachgrenzen hinweg erlauben, zwischen Spezialisten und Generalisten, zwischen Schülern und hochgradig trainierten Professorinnen, von der Sozialwissenschaft zur Kunst zur Stringtheorie. Mit der Macht des Internets, mit Hyperlinks und großen Datenbanken kann man sich Verknüpfungen und das Errichten von Verbindungen in diesem aktuellen, riesigen Körper an Wissen vorstellen.

Wie sieht der Baum des Wissens aus?

Ich schlage vor, das Wissen der Menschheit in einem n-dimensionalen Raum zu sortieren. Das Grundwissen ist der Stamm des Baumes, und es gibt Hauptäste und Nebenäste in abnehmender Größe. Gebiete, in denen das allgemeine Wissen groß ist, wie in der Computerindustrie, haben dickere Hauptäste als Gebiete, in denen das generelle Wissen geringer ist. Jeder große und kleine Ast – es gibt viele Ebenen – erhält eine bestimmte Nummer (so wie 13, 19.4, 267.78.4 und so weiter). Wissenschaftliche Publikationen, die zum Baum des Wissens beitragen, werden mit solchen Nummern versehen, abhängig von den jeweiligen Ästen, zu denen sie Neues beitragen, und dynamisch mit den jeweiligen Ästen verlinkt. Neue Publikationen können ältere Arbeiten ganz oder teilweise ersetzen. Die erhaltenen

Nummern haben einen Zeitstempel, und so können, mithilfe eines Computersystems, auf einfache Art und Weise Wissenskarten für bestimmte Daten angezeigt werden. So könnte man spezifische Fragen wie »Was wussten wir 1963 über die Funktionalitäten eines Regenwaldökosystems?« beantworten. Interdisziplinäre Arbeiten sind leicht durch die bestimmten Nummern identifizierbar. Publikationen, Ideen, wichtige Formulierungen und Absätze können, abhängig von ihrem Informationsgehalt, als größere oder kleiner Kreise dargestellt werden, und eine Perlenkette derartiger Kreise mit den verfügbaren Informationen leitet den Leser von einem Forschungsgebiet zum nächsten, die Größe der Kreise ist dabei ein Hinweis auf den Wissensgewinn.

Die Datenbank auf asknature.org könnte die Basis für die Äste im funktionalen Baum des Wissens in der Biologie darstellen. Eine mögliche Methode, um den jeweiligen Funktionalitäten Nummern zuzuordnen, ist, die Publikationen, die derzeit schon in der Datenbank unter den jeweiligen Funktionen und Unterfunktionen angegeben sind, dementsprechend zu katalogisieren. In weiteren Schritten könnten Leserinnen und Nutzer der Datenbank die Nummerierung verfeinern, indem sie Nummern verstärken oder entfernen, ähnlich der dynamischen Schreibart von Wikipedia-Artikeln.

In einer Weiterentwicklung könnte der Informationsinhalt der wissenschaftlichen Artikel in einzelne

Informationseinheiten, »Infogene«, aufgespaltet werden. Das Wort infogen ist inspiriert von Genen, wie wir sie aus der Biologie kennen. Die Infogene würden bestimmte Nummern im Baum des Wissens bekommen und mit der Zeit eine Evolution durchlaufen, wenn mehr und detaillierteres Wissen zur Verfügung steht.

Zeit für Veränderung

Basierend auf der Tatsache, dass die derzeitige Unmenge an wissenschaftlichen Publikationen in den speziellen Fachgebieten nicht gelesen, ja nicht einmal beiläufig komplett durchgeschaut werden kann, schließe ich darauf, dass die heutige Art des zweidimensionalen Publizierens ausgedient hat. Überinformation in fast jedem Gebiet ist ein großes Problem. Deswegen schlage ich ein dynamisches Publizieren vor. Auf diese Weise würden Publikationen wieder Erfolg haben, gelesen und zitiert werden. Neue Publikationen sollten alle Arten von Multimedia verwenden, ein automatisches Referenzsystem könnte dabei helfen, Informationen zu identifizieren. Automatische Text- und Inhaltsvergleichssoftware sollte Referenzen in einer Farbe zeigen, Zitationen in einer anderen, unreferenzierte und kopierte Textpassagen in weiteren Farben. Von entscheidender Bedeutung ist auch die variable Länge und der variable Inhalt der zukünftigen Publikationen – vergleichbar mit RSS-Feeds und ihren umstrukturierbaren Informationen. Der Inhalt wird dem User entsprechend dargestellt – wenn etwa gewisses Vorwissen schon besteht, werden erklärende Textpassagen nicht angezeigt.

Wichtig ist auch, dass die Publikationen an den entsprechenden Stellen des Baums des Wissens verankert werden, und dass obsolete Artikel durch evolutionäres Wissensmanagement eliminiert werden können. Die Artikel selbst können auf verschiedenste Arten angezeigt werden. Bei Arbeiten aus der Biotribologie würde für Biologen die grundlegende Biologieinformation ausgespart sein, aber die Tribologieinformation in hohem Detailreichtum angezeigt werden. Und für Tribologen, die dieselbe Arbeit lesen, würde für sie relevante Information gezeigt und andere Inhalte weggelassen werden. Bei Bedarf kann durch Klicken die Arbeit in die gewünschten Richtungen expandiert werden. Auf diese Weise könnten verschiedene Gruppen ein und denselben Artikel lesen – Duplikationen in Biologie- und Tribologiejournalen wären nicht mehr notwendig. Darüber hinaus würden zu spezifische Information für Neulinge im Fachgebiet verborgen bleiben und selbst die grundlegendsten Konzepte im Detail vorgestellt. So können Forscher und Forscherinnen, die ein neues Fachgebiet betreten, das relevante Startwissen erhalten. Die Möglichkeit, zu kommentieren und zu diskutieren, bietet eine Qualitätssicherungsmaßnahme, außerdem würde Kooperation wieder Einzug halten.

Oft fragen sich Wissenschaftler generell: Welche Artikel soll ich lesen? Auf welche Arbeiten soll ich verweisen? Große Onlineshops empfehlen ihren Usern für sie interessante Produkte. Die Frage lautet in diesem Fall: »Welches Produkt soll ich einem User empfehlen, der schon diese und jene Produkte gekauft und sie so und so bewertet hat?« Diese Vorgangsweise kann auf einfache Art und Weise in die Wissenschaft transferiert werden, die Frage dazu lautet analog: »Welche Artikel soll jemand lesen, basierend auf diesem Grundwissen, jenen Interessen und dieser Forschungsrichtung?«

Bei Onlinestores steigt die Qualität der Empfehlungen mit der Anzahl der Bewertungen. Ein Expertensystem, ähnlich denen der Onlinehändler, könnte sich als hochgradig hilfreich erweisen bei der Entscheidung, welche Artikel lesenswert sind und zitiert werden sollten.

Der Empfehlungsagent der Zukunft würde Informationen limitieren und uns so vor Überinformation schützen. Die Anzahl der Empfehlungen, die der Agent gibt, ist variabel. Grundsätzlich gilt: Der User weiß X und will Y wissen. Die Länge, der Informationsinhalt und die Komplexität des Outputs des Informationsagenten sind abhängig von der Zeit, die der User investieren will (sieben Minuten, zwei Tage, drei Wochen, ein Jahr). Auf diese Weise muss der Agent genau das empfehlen, was der User wissen will und in der vorgegebenen Zeit bewältigen kann.

11 Nachwort und Dank

Leben und arbeiten in einem inspirierenden Umfeld stimuliert biomimetische Forschung. Malaysia ist mit seiner multikulturellen Gesellschaft, seinen Regenwäldern und Meeren, der (noch) hohen Artenvielfalt förderlich für generalistisches Denken. Ich liebte die intensiven und fruchtbaren Gespräche mit meinem Mann Mark in der wunderschönen, tropischen Umgebung, in der wir lebten. Viele der Konzepte und Ideen, die in diesem Buch beschrieben werden, wären ohne seine kontinuierliche Unterstützung und sein Engagement nicht entstanden.

Struktur und Funktion sind in der Natur zwangsläufig miteinander verknüpft, und erfolgreiche Biomimetik hat diese Tatsache zu berücksichtigen. Erstmals über Strukturfarben hörte ich von Dr. Manfred Drack, der an einem denkwürdigen Nachmittag in meinem Zimmer an der TU Wien mit Blick auf die Karlskirche sagte: »Ille, weißt du, dass einige Schmetterlinge ihre Flügelfarben durch Strukturen erzeugen und nicht durch Pigmente?! Sie sehen aus wie Christbäume!«

Die Ideen zum Baum des Wissens sind schon seit Langem in meinem Geist am Brodeln. Wissenschaftliche Qualität kann nicht quantitativ gemessen werden. Der aktuelle Publikationsdruck in der Wissenschaft und der immense Anstieg bibliometrischer Methoden zur Beurteilung wissenschaftlicher Qualität sind lächerlich; Zahlen sagen nichts über eine Person aus, und wenn man sich auf das Zusammenschreiben kleiner, gerade noch publizierbarer Einheiten konzentriert, wird auch die Art des Denkens klein. Derartige Entwicklungen sehen wir zur Genüge in der Politik, wo nur wenige Politiker weiterdenken als bis zur nächsten Wahl. Sie vergessen dabei völlig das große Ganze, und auch die Tatsache, dass wir wichtige Fragen in unserer Welt adressieren können, sollen und müssen. Auch Wissenschaftler, die in kurzfristigen Projekten stecken und ständig Meilensteine und Resultate liefern (und dann auch darüber berichten) müssen, die ununterbrochen evaluiert werden und zu viele Publikationen mit zu wenig Inhalt zu schreiben haben, neigen dazu, das große Ganze zu vergessen. Die Antwort der jungen Generation auf die Frage »Warum arbeiten Sie in diesem Bereich?« sollte nicht sein: »Weil mein Professor die Finanzierung für ein diesbezügliches Forschungsprojekt bekommen hat«, sondern: »Weil es mich interessiert. Weil ich es durchgedacht und herausgefunden habe, dass dies der richtige Weg ist. Weil es Spaß macht. Weil es wichtig ist.«

Ich schätze meine Zeit im inspirierenden Malaysia, wo ich die Freiheit hatte, zu denken und an Konzepten zu arbeiten, die hoffentlich den Grundstein dafür legen, die Welt ein bisschen besser zu machen. Und ich bin neugierig auf die Ideen, die noch kommen werden!

Weiterführende Links

Das Thema »Dschungel« ist seit vielen Jahren in meinen öffentlichkeitswirksamen Auftritten repräsentiert, unter den folgenden Links finden sich nähere Informationen zu einigen meiner Projekte.

Meine Diskussionen mit Rudi Radiohund erschienen in sechs Folgen der bekannten Ö1-Kinderradioreihe. Sie tragen die Titel »Was eine CD und ein Farn gemeinsam haben – Von Riesenvögeln und leuchtenden Pflanzen« (Folge 1784), »Keine Angst vor Würgeschlangen – Einen Schnabel so groß wie Rudis Schädel« (Folge 1792), »Diamanten der Nacht – Funkelnde Spinnenaugen« (Folge 1797), »Der spezielle Schmetterlingsflügel – Farben durch Formen«, »Kopfüber spazieren wie ein Gecko« und »Forschen in der Wildnis«, und sind im Ö1-Podcast abrufbar. Kerstin Gruber führte Interviews mit mir und machte daraus wunderbare kleine Radiojuwelen, die großen wie kleinen Kindern Freude bereiten. *http://static.orf.at/podcast/oe1/oe1_rudi.xml*

Seit 2013 halte ich im Rahmen der KinderUni Steyr regelmäßig Vorlesungen und gehe mit Kindern auf Waldexpeditionen. Dabei erzähle ich ihnen am Vormittag von meinem Leben und meiner Arbeit in den Tropen, und am Nachmittag geht es dann auf große Expedition. Seit einiger Zeit gibt es auch am Abend eine sogenannte Wissensverkostung für Erwachsene, zum Thema »Lernen vom Regenwald für bessere Technologien und nachhaltiges Wirtschaften«.
http://kinderuni-ooe.at

Da mir freier Zugang zu Bildung sehr am Herzen liegt, nehme ich immer wieder gern die Einladung der Hochschülerschaft an, in der Straßenbahn Vorlesungen zu halten. Sie werden staunen – man kann auf zwei Runden um die Wiener Innenstadt eine Menge über Biomimetik und Nanotechnologie lernen. Es ist sehr spannend und interessant, das Ende einer Vorlesung nicht anhand der Uhrzeit zu timen, sondern anhand von Gebäuden in Wien – nach dem Motto: »Ah, jetzt bin ich am Schwarzenbergplatz, jetzt muss ich dann bald zu einem Ende kommen ..."
https://mdfb.at/event/bildungsbim2/

Auch viele Zeitungen, Zeitschriften und Magazine schreiben immer wieder über meine Arbeiten im Regenwald. Unter *http://www.ille.com* kann man diese Artikel nachlesen.